Discovery EDUCATION

맛있는 과학

디스커버리 에듀케이션
맛있는 과학-11 화학변화

1판 1쇄 발행 | 2012. 1. 27.
1판 4쇄 발행 | 2018. 3. 11.

발행처 김영사
발행인 고세규
등록번호 제 406-2003-036호
등록일자 1979. 5. 17.
주 소 경기도 파주시 문발로 197(우10881)
전 화 마케팅부 031-955-3102 편집부 031-955-3113~20
팩 스 031-955-3111

값은 표지에 있습니다.
ISBN 978-89-349-5445-3 64400
ISBN 978-89-349-5254-1 (세트)

좋은 독자가 좋은 책을 만듭니다. 김영사는 독자 여러분의 의견에 항상 귀 기울이고 있습니다.
독자의견전화 031-955-3139 | 전자우편 book@gimmyoung.com | 홈페이지 www.gimmyoungjr.com
어린이들의 책놀이터 cafe.naver.com/gimmyoungjr | 드림365 cafe.naver.com/dreem365

어린이제품 안전특별법에 의한 표시사항
제품명 도서 **제조년월일** 2017년 9월 22일 **제조사명** 김영사 **주소** 10881 경기도 파주시 문발로 197
전화번호 031-955-3100 **제조국명** 대한민국 **⚠주의** 책 모서리에 찍히거나 책장에 베이지 않게 조심하세요.

최고의 어린이 과학 콘텐츠

디스커버리 에듀케이션 정식 계약판!

Discovery

EDUCATION

맛있는 과학

11 | 화학변화

심영미 글 | 백수정 그림 | 류지윤 외 감수

주니어김영사

차례

1. 화학 변화

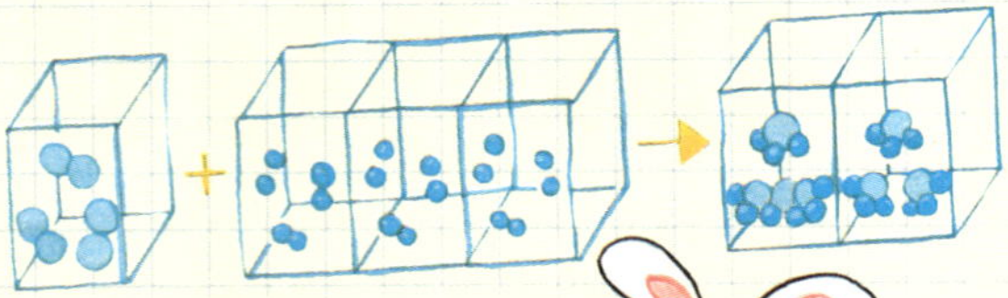

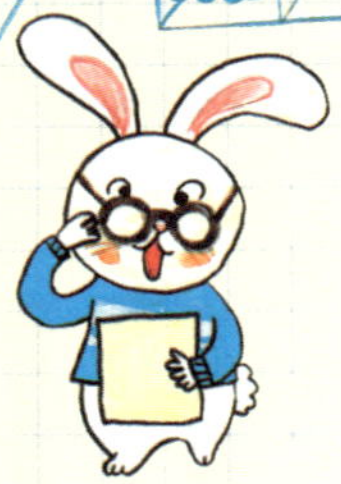

2. 산화 반응과 환원 반응

3. 발열반응과 흡열반응

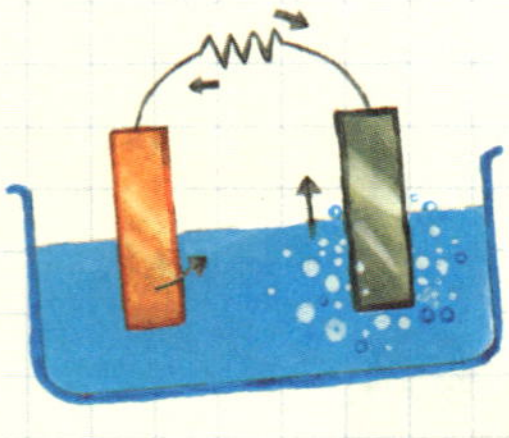

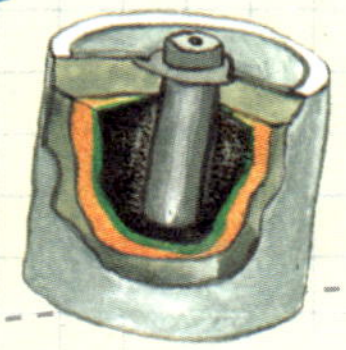

4. 촉매

5. 반응속도

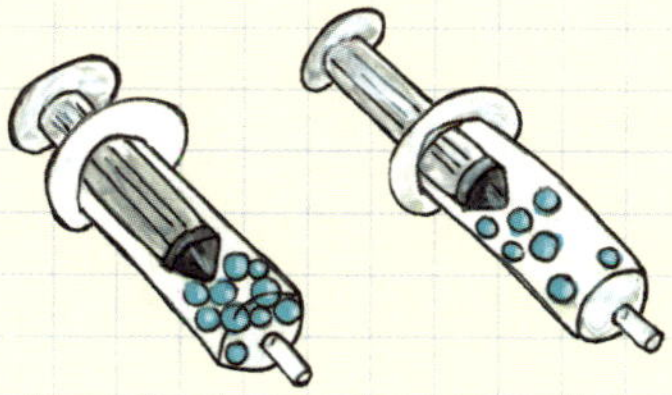

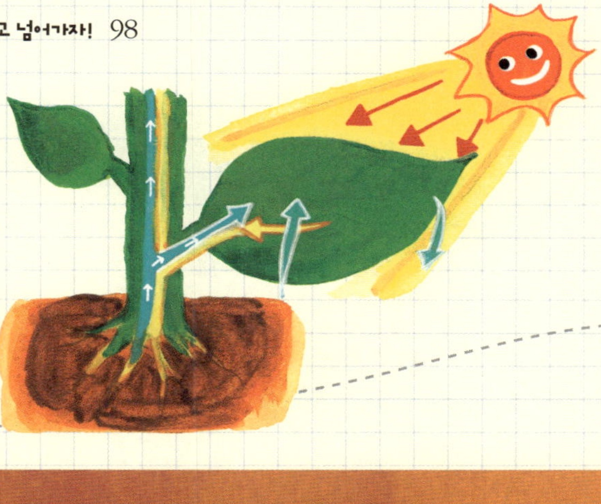

관련 교과

초등 3학년 1학기 1. 우리 생활과 물질
중학교 1학년 1. 물질의 세 가지 상태
중학교 2학년 2. 물질의 구성
중학교 3학년 3. 물질의 구성

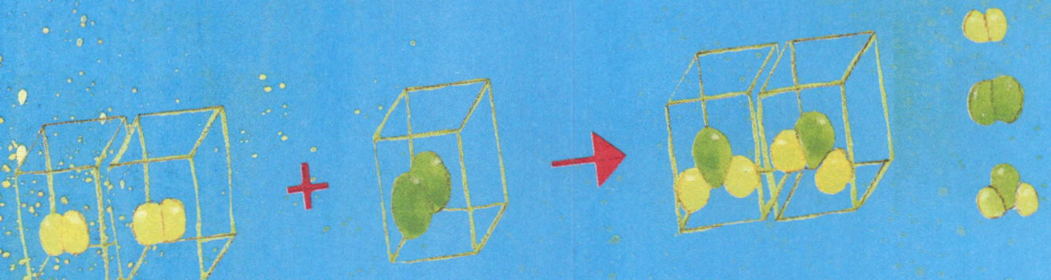

1. 화학변화

세상에는 매우 다양한 물질이 있습니다. 방 안에 있는 책상, 옷장, 침대, 책 등이 바로 물질이에요. 이 중에서 고체에서 액체로, 액체에서 기체로 변하는 것처럼 물질의 상태가 변하는 경우가 있습니다. 또는 물질끼리 만나서 가지고 있던 것들을 서로 바꾸거나 한쪽이 다른 쪽에게 일방적으로 주면서 새로운 물질을 만들기도 해요. 이러한 물질의 변화에 대해 자세히 살펴보겠습니다.

물리변화란 무엇일까요?

학교에서 미술 시간에 찰흙으로 만들기를 했어요. 한 아이가 찰흙으로 친구의 얼굴을 만들기 위해 찰흙 덩어리를 조금 떼어 냈습니다. 처음에 비해 찰흙의 양이 줄어들겠지요? 또 울퉁불퉁한 찰흙 덩어리는 어떻게 변했나요? 예쁜 친구의 얼굴로 변했습니다. 이것은 물질의 모양이 변했다고 할 수 있어요. 찰흙으로 친구의 얼굴을 만들었지만 찰흙의 색, 감촉, 냄새 등의 성질은 그대로입니다. 이렇게 물질의 모양과 크기, 양 등 상태는 변하지만 물질이 가지고 있는 원래의 성질은 변하지 않는 현상을 물리변화라고 해요.

다른 예를 들어 보겠습니다. 더운 여름에 딸기 맛 아이스크림을 먹는다고 생각해 보세요. 아이스크림은 처음에는 언 상태이므로 딱딱합니다. 얼어 있는 아이스크림은 고체이지요. 그런데 너무 더워서 아이스크림이 녹기 시작합니다. 그러면 줄줄 흐르는 액체가 되겠지요. 하지만 녹은 아이스크림은 여전히 빨간색이고, 딸기 맛이 납니다. 성질은 그대로이지요. 따라서 아이스크림이 녹는 현상은 물리변화에 속합니다.

조금 더 자세히 설명해 볼게요. 모든 물질은 원자로 되어 있어요. 어떤 물질을 더 이상 나눌 수 없을 만큼 쪼개면 가장 작은 알갱이가 남습니다. 이것을 원자라고 합니다. 이러한 원자들이 모여서 분자를 만드는데, 분자는 어떤 물질의 성질을 나타내는 가장 작은 단위입니다.

원자

물질의 기본 구성 단위예요. 원자라는 뜻의 아톰(atom)은 그리스어로 '쪼갤 수 없는'이라는 뜻의 아토모스(átomos)에서 유래된 말입니다.

분자

물질의 성질을 가지고 있는 최소의 단위입니다. 고체·액체·기체 상태로 존재할 수 있으며 분자 사이의 거리가 변화하면서 상태가 변해요. 분자는 쪼개져 다시 원자가 될 수 있습니다. 원자가 어떻게 결합하느냐에 따라 수많은 물질을 만들 수 있습니다.

■ 분자의 여러 가지 모양

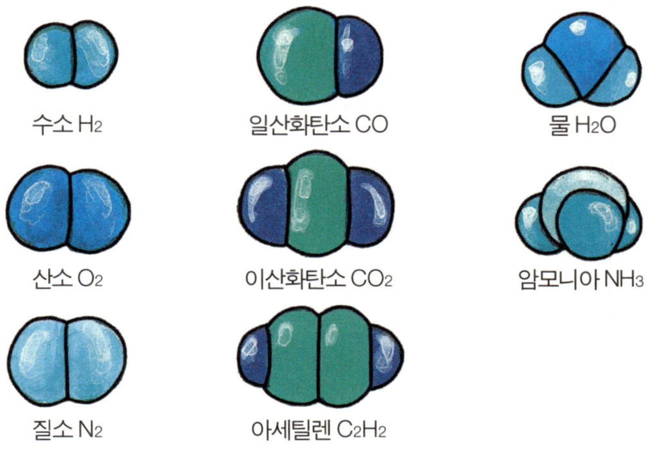

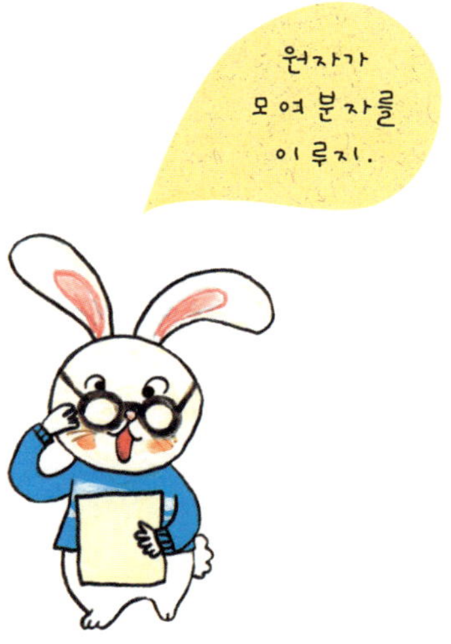

찰흙을 쪼갰을 때 찰흙의 성질을 가지고 있는 가장 작은 입자를 분자라고 합니다. 분자를 쪼개어 찰흙의 성질을 잃어버리고 가장 작은 알갱이가 된 것을 원자라고 해요. 찰흙의 성질을 가지고 있는 분자가 오밀조밀 모여서 우리가 만들기 재료로 쓰는 찰흙 덩어리가 됩니다. 하나의 찰흙 덩어리일 때는 정해진 규칙대로 모여 있어요. 하지만 찰흙의 모양을 변화시키고 잘라 내면 규칙은 변하게 됩니다. 분자는 변하지 않지만 분자가 모여 있는 규칙이 변하기 때문이에요. 그렇다면 고체와 액체, 기체일 때의 분자는 어떻게 다를까요?

고체일 때의 분자는 분자와 분자끼리 붙어 있는 상태로, 정해진 규칙대로 배열되어 있습니다. 액체가 되면 분자와 분자 사이의 공간이 생기면서 배열이 조금 흐트러져서 약간 불규칙한 배열이 됩니다. 기체가 되면 분자와 분자 사이의 거리가 아주 멀어지면서 배열이 매우 불규칙해져요.

앞에서 친구의 얼굴을 만들기 위해 찰흙 덩어리에 변화를 주었습니다.

■ 물질의 상태에 따른 분자 배열

	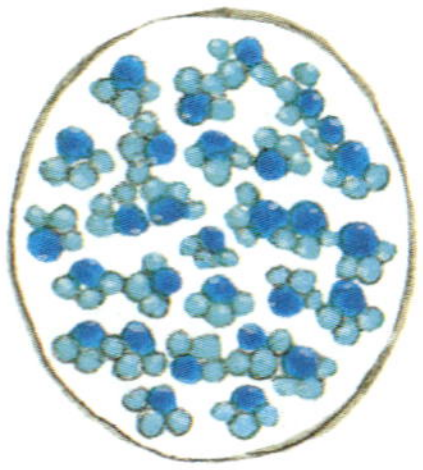	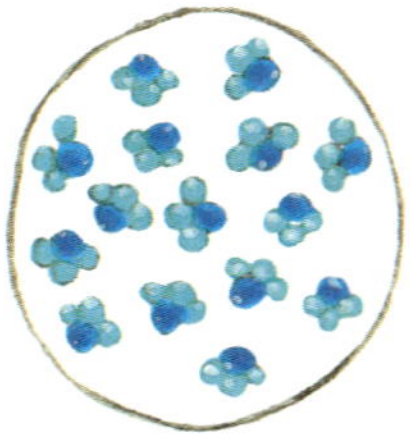	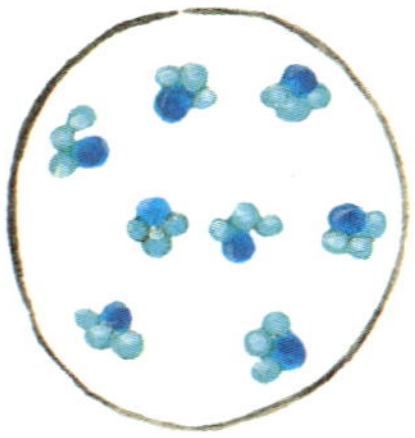
상태	고체	액체	기체
배열	규칙적	약간 불규칙	매우 불규칙

물질의 모양과 크기 등 상태는 변하지만 물질이 가지고 있는 원래의 성질은 변하지 않는 것을 물리변화라고 한다.

그렇다면 이 경우 분자는 어떻게 변화할까요? 찰흙의 모양에 변화를 주고 잘라 내도 여전히 고체이기 때문에 분자끼리는 정해진 규칙대로 배열되어 있습니다. 분자 자체는 그대로이지요. 그래서 찰흙의 성질도 변하지 않습니다.

아이스크림을 쪼개고 쪼개면 아이스크림의 성질을 가지고 있는 아이스크림 분자를 얻을 수 있습니다. 아이스크림 분자를 쪼개면 어떻게 될까요? 아이스크림의 성질이 없는 원자들만 남습니다. 아이스크림이 딱딱하게 얼었다가 줄줄 흐를 정도로 녹는 경우에 분자는 변하지 않습니다. 단지 배열이 규칙적인 것에서 불규칙적인 것으로 바뀌게 되어요. 이렇듯 분자의 배열 상태만 바뀌는 것이 물리변화입니다.

물리변화의 종류

얼음이 녹아서 물로 변하는 현상은 상태변화에 속한다.

과학에서 말하는 물질의 상태란 고체, 액체, 기체입니다. 물질의 상태가 변하는 물리변화에는 무엇이 있는지 지금부터 알아보겠습니다.

냉동실에 있는 얼음을 꺼내서 놓아둡니다. 얼음은 서서히 녹아서 고체에서 액체인 물로 변하게 됩니다. 물을 끓이면 어떻게 되지요? 김이 폴폴 올라오는 모습을 관찰할 수 있어요. 물이 액체에서 기체로 변했습니다.

추운 겨울날, 밖에 있다가 따뜻한 집으로 들어왔을 때 안경이 뿌옇게 되는 것을 본 적이 있을 거예요. 공기 중에 있던 수증기가 차가운 안경에 닿으면서 기체에서 액체로 상태가 변했기 때문입니다. 이렇게 고체에서 액체, 기체에서 액체 등의 상태로 변하는 것을 '상태변화'라고 합니다. 분자의 배열이 바뀌지 않아 물질의 성질을 그대로 유지하기 때문에 물리변화에 속해요.

유리가 깨지는 현상은 물리변화에 속한다.

상태가 변하는 것 이외의 물리변화에는 무엇이 있을까요? 모양의 변화가 있습니다. 유리컵을 실수로 떨어뜨려서 조각이 나도 유리는 유리이지요. 컵의 모양에서 깨진 조각으로 바뀐 것뿐입니다. 못을 망치로 박다가 실수로 휘어지게 했다면, 이때도 역시 못의 모양만 변합니다. 손으로 종이를 찢었을 경우에도 모양만 변했을 뿐 종이의 성질은 그대로입니다.

어떤 물질을 물에 녹이는 것도 물리변화의 예입니다. 물에 녹기 전의 맛이나 냄새를 그대로 가지고 있기 때문이지요. 설탕을 물에 녹이면 물의 색깔이나 냄새가 변하지 않기 때문에 달라진 점을 발견하기 어렵습니다. 설탕이 녹았는지 아닌지 구별하기 힘들어요. 하지만 설탕물을 마시면 단맛이 납니다. 마찬가지로 소금을 물에 녹이면 물의 색깔이나 냄새는 변하지 않지만 짠맛이 나요. 설탕물은 설탕의 성질인 단맛을 가지고 있고, 소금물은 소금의 성질인 짠맛을 가지고 있습니다. 처음 물질의 성질을 그대로 가지고 있기 때문에 물리변화라고 할 수 있어요.

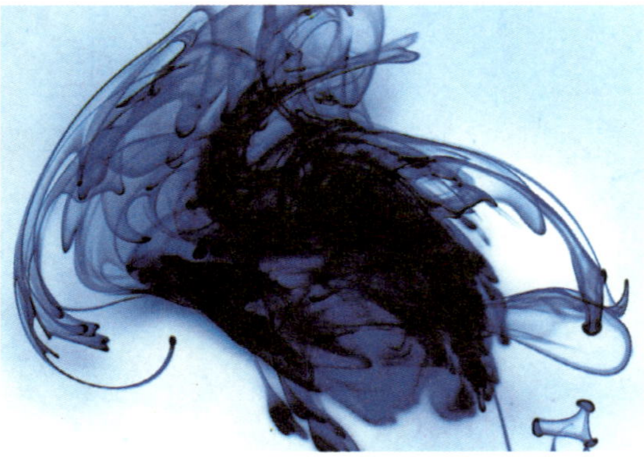
잉크가 물에 퍼지는 현상도 물리변화에 속한다.

물질이 퍼져 나가는 것도 물리변화에 속합니다. 물속에 잉크를 몇 방울 떨어뜨리면 물 전체로 잉크가 퍼져 나가요. 하지만 잉크의 색은 변하지 않고 그대로입니다. 잉크의 성질을 고스란히 가지고 있습니다. 다른 예로 거실에서 동생이 방귀를 뿡, 하고 뀌었습니다. 동생 바로 옆에 있는 아빠와 뒤에 있는 엄마가 맡은 냄새는 같은 냄새예요. 같은 냄새를 가진 방귀 분자들이 퍼져 나갔기 때문입니다. 처음 가지고 있던 방귀의 성질은 변하지 않았어요. 모양이나 크기만 변할 뿐 성질이 변하지 않는 현상을 물리변화라고 한다는 것을 잊지 마세요!

그렇다면 물질은 어떻게 변화할 수 있을까요? 물질은 고체, 액체, 기체 세 가지 상태로 변화할 수 있습니다. 고체가 액체가 되는 현상을 '융해'라고 하고, 액체가 기체가 되는 현상은 '기화', 기체가 액체가 되는 현상은 '액화'라고 해요. 그리고 액체가 고체가 되는 현상을 '응고'라고 하며, 액체를 거치지 않고 고체에서 바로 기체가 되는 것, 기체에서 바로 고체가 되는 것을 '승화'라고 해요. 드라이아이스가 작아지는 현상, 나프탈렌이 작아지는 현상, 서리가 생기는 현상 등이 승화 현상에 해당됩니다. 승화

드라이아이스

물의 고체 상태를 얼음이라 하듯이 이산화탄소를 압축하고 냉각해 고체로 변화시킨 것을 드라이아이스라고 합니다. 고체에서 녹아 바로 기체로 변화하는 승화성을 띠고 있기 때문에 주위의 열을 흡수해 온도를 낮추어 준답니다. 아이스크림을 녹지 않게 집까지 포장해서 가지고 올 때 아이스크림과 함께 넣어 주는 흰색의 덩어리가 바로 드라이아이스예요.

현상에 대해 좀 더 자세히 알아볼게요.

공기 중에는 물의 기체 상태인 수증기가 있습니다. 그런데 날씨가 갑자기 추워지면서 영하로 내려가면 공기 중에 있던 수증기는 풀잎이나 자동차 표면 위에 닿는 즉시 얼어 버려요. 이것이 수증기가 서리가 되는 현상입니다.

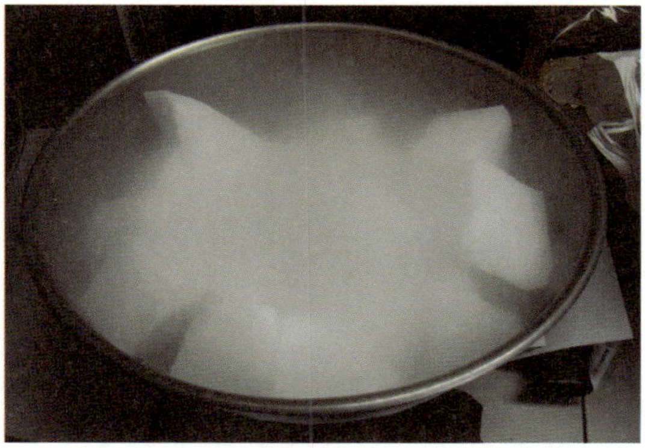

드라이아이스에서 기체가 피어오르며 승화하는 모습.

나프탈렌

흰색 고체로, 액체를 거치지 않고 바로 기체로 변화하는 승화성 물질이에요. 좀이나 해충으로부터 옷이나 물건 등을 보호하는 방충제로 쓰입니다.

드라이아이스와 나프탈렌을 놓아두면 기체가 되는 과정은 보이지 않지만 크기가 작아집니다. 그 이유는 액체 상태를 거치지 않고 바로 기체가 되는 승화 현상이 일어났기 때문이에요. 어떤 경우에는 주변이 뿌옇게 되면서 드라이아이스의 크기가 작아지기도 하는데, 뿌연 연기를 드라이아이스 기체라고 생각하는 사람이 많습니다. 하지만 이것은 공기 중의 수증기가 차가운 드라이아이스와 만나 액체가 되면서 뿌옇게 보이는 현상이에요. 수증기가 액체인 물로 변했습니다. 드라이아이스를 놓아두면 드라이아이스는 고체에서 기체로 승화하고, 주변의 수증기는 기체에서 액체로 액화합니다.

화학변화란 무엇일까요?

물질의 상태는 변하지만 물질이 가지고 있는 원래의 성질은 변하지 않는 현상을 물리변화라고 했습니다. 그렇다면 처음과는 전혀 다른 성질의 물질로 변하는 현상은 무엇이라고 할까요? 바로 화학변화라고 합니다. 지금부터 화학변화에 대해 자세히 알아볼게요.

화학변화가 일어나면 분자가 쪼개어져 원자가 되고, 반응하는 원자들이 모여 처음과 다른 분자를 만듭니다. 다른 분자가 되었기 때문에 성질도 그 분자에 맞게 변화해요. 그래서 화학변화가 일어나면 처음과는 전혀 다른 새로운 물질이 됩니다. 예를 들어 빨간 공 두 개가 한 쌍으로 붙어 있고, 파란 공 두 개 역시 한 쌍으로 붙어 있어요. 이 두 가지 물질이 반응을 해 빨간 공 한 개와 파란 공 한 개가 붙고, 나머지 공들도 하나로 붙었습니다. 그러면 빨간 공 한 개와 파란 공 한 개가 한 쌍을 이룹니다. 이로써 처음과 전혀

■ 수소와 산소가 반응해 수증기가 생성될 때의 분자 모형

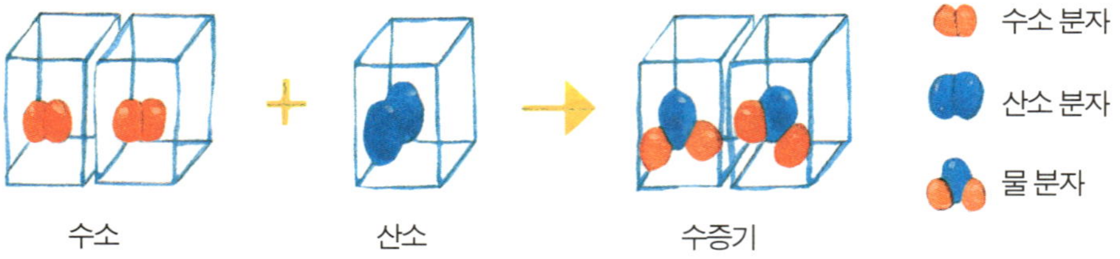

다른 한 쌍이 생깁니다. 이 예는 화학반응에서 분자가 새롭게 만들어지는 것을 보여 줍니다. 여기에서 공 한 개가 원자이고, 두 개의 공이 붙어 있는 한 쌍이 분자입니다. 같은 색의 공끼리 붙어 있는 배열에서 다른 색의 공끼리 붙어 있는 배열로 바뀝니다. 화학반응이 일어날 때에는 이렇게 원자의 배열이 바뀝니다.

자전거를 타다가 넘어져서 무릎을 다쳤습니다. 다친 부위를 치료해야겠지요? 상처를 소독하기 위해 과산화수소를 발랐더니 보글보글 하얀 거품이 생겼습니다. 어떻게 된 일일까요?

상처가 나면 피가 납니다. 과산화수소는 혈액과 만나면 산소와 물로 변해요. 이때 산소가 상처를 소독하는 역할을 합니다. 여러분, 물속에서 방귀를 뀌면 어떤가요? 보글보글 물방울이 올라오지요? 산소가 빠져나가면서 물방울을 만들어 하얀 거품이 생기는 현상입니다.

그렇다면 이 현상을 분자와 원자의 개념으로 살펴볼까요? 과산화수소라는 분자가 혈액과 만나면서 반응이 일어납니다. 이때 과산화수소에 있던 산소

과산화수소

물 분자에 산소 원자 하나가 더 결합된 화합물이에요. 색깔과 냄새가 없고, 분해하면 산소를 내보내고 물이 됩니다. 표백제, 소독제 등으로 쓰여요.

원자 한 개가 밖으로 나가 버렸어요. 과산화수소는 물 분자에 산소 원자 한 개가 결합된 것으로 산소 원자 한 개가 나가면 물 분자만 남게 되겠지요? 이처럼 과산화수소는 혈액과 만나면 처음과는 전혀 다른 분자가 된답니다.

여러분은 어떤 물질을 태워 본 적이 있나요? 물질이 불에 탈 때는 산소가 꼭 필요합니다. 그래서 산소가 많은 곳에서 불이 더 잘 타요. 실험을 마친 다음 알코올램프의 불은 어떻게 끄나요? 뚜껑을 덮어서 끕니다. 산소를 없애는 방법으로 불을 끄기 위해서입니다.

일반적으로 불이 났을 때 우리는 소화기를 사용해요. 소화기에는 여러 종류가 있는데, 그중에 이산화탄소소화기가 있습니다. 이산화탄소소화기에는 이산화탄소가 액화되어 들어 있습니다. 불이 난 곳을 향해 이산화탄소소화기를 뿌리면 안에 있던 이산화탄소 액체가 기체로 변하면서 주변의 산소를 막아 줍니다. 산소를 만나지 못해 불은 곧 꺼져 버리지요. 이처럼 어떤 물질이 불에 탈 때에는 반드시 산소가 필요하기 때문에 산소를 없애 주면 불을 끌 수 있습니다.

이산화탄소소화기를 불을 향해 뿜으면 이산화탄소 액체가 기체로 변해 산소를 막아 주고, 그 결과 불이 꺼진다.

나무를 태우면 화학변화가 일어나 전혀 다른 성질의 재가 남는다.

야영을 가서 캠프파이어를 할 때 나무를 태워 모닥불을 만들지요? 나무에 불이 붙으면서 주변이 따뜻하고 환해집니다. 나무가 타면서 열과 빛을 발생시키기 때문이지요. 이렇게 물질이 산소와 결합해 열과 빛을 내는 반응을 연소라고 합니다. 모두 연소되고 나면 처음 나무의 모습은 사라지고 까만 재만 남아요. 그렇다면 재는 나무일까요? 나무가 가지고 있던 색, 냄새 등 성질이 모두 변했기 때문에 더 이상 나무라고 할 수 없습니다. 나무를 이루고 있던 분자들이 산소와 결합하면서 전혀 다른 물질이 되었기 때문이에요.

화학변화의 종류

전혀 다른 성질로 변하는 현상을 화학변화라고 했어요. 화학변화에는 무엇이 있는지 자세히 알아보겠습니다.

오래된 자전거에 붉은색의 녹이 생긴 현상을 본 적이 있을 거예요. 철이 공기 중의 산소와 만나 화학반응을 해 철이 아닌 산화철이라는 붉은색 물질

산화철

철과 산소의 화합물이에요. 환원, 가열, 연소의 방법으로 얻을 수 있습니다. 자성이 있어 반도체, 마그넷, 자기 테이프의 원료로 쓰여요.

철이 공기 중의 산소와 만나면 붉은색 물질인 산화철이 된다.

을 만들었습니다. 산화철에는 자석을 갖다 대도 전혀 붙지 않아요. 철과 성질이 전혀 다르기 때문입니다.

오래된 김치에서는 무슨 맛이 나지요? 신맛이 납니다. 김치가 시는 현상도 화학변화에 속합니다. 맛이 변하는 것은 성질이 변했다는 뜻입니다. 음식물이 상한 것을 부패했다고 하는데, 물질의 부패는 화학변화가 일어난 결과입니다.

과일이 익어 가는 현상도 화학변화예요. 과일이 덜 익었을 때는 떫거나 시어서 맛이 없잖아요. 과일은 익어 가면서 먹음직스러운 색으로 변하고 맛도 좋아집니다. 과일이 익는 것 또한 성질이 변했기 때문에 화학변화에

속합니다.

우리는 주로 LNG 또는 LPG라는 연료를 이용해 요리를 해요. 가스를 태워 열과 빛을 얻습니다. 열과 빛을 내는 현상을 연소라고 한다고 했지요? 양초에 불을 붙이는 것, 가스레인지를 켜는 것, 산불이 나는 것, 어떤 물질이 타는 것 모두 화학변화입니다.

화학변화를 일으키는 물질에는 '베이킹파우더'가 있어요. 빵이나 과자를 구울 때 밀가루 반죽에 넣는 가루입니다. 오븐에서 빵을 굽는 동안 반죽 안에 있던 베이킹파우더가 열을 받아 분해되면서 이산화탄소 기체가 생겨요. 기체가 밖으로 빠져나가려고 하면서 빵 곳곳에 구멍을 만들고, 빵을 부풀립니다. 베이킹파우더가 전혀 다른 성질로 변하면서 화학반응을 일으켜 나타난 현상입니다. 이처럼 우리 주변에는 셀 수 없이 많은 화학반응이 있습니다.

LNG

저장하고 운반하기 쉽도록 액화시킨 천연가스입니다. 일반 천연가스보다 뛰어나고 깨끗하며 해가 없다는 장점이 있어요. 도시가스용 연료, 화학 공업 원료로 쓰입니다.

LPG

휘발성 탄화수소인 프로펜·프로판·부틸렌·부탄 등으로 이루어진 액체 혼합물이에요. 원통형 용기에 비교적 낮은 압력으로 넣어 가정의 소비자에게 배달됩니다. 중앙난방 장치의 연료로 가장 많이 쓰이고, 화학 공장의 원료, 엔진 연료로도 사용해요.

양초에 불을 붙이는 것, 가스레인지에 불을 붙이는 것, 산불이 나는 것 모두 화학변화에 속한다.

TIP 요건 몰랐지?

사과를 깎아 놓았더니 색깔이 변했어요

사과를 깎아 놓으면 갈변 현상에 의해 색이 변한다.

사과를 깎아 놓았더니 사과의 색깔이 갈색으로 변했습니다. 어떻게 된 일일까요? 사과를 이루는 분자가 있습니다. 이 분자가 산소와 결합하면 처음과는 전혀 다른 새로운 분자가 됩니다. 그래서 사과의 색깔이 변하고, 맛도 달라집니다.

사과의 색이 갈색으로 변하는 현상을 갈변이라고 합니다. 사과 속에 '폴리페놀'이라는 효소가 들어 있기 때문입니다. 폴리페놀은 산소와 만나면 갈색이나 다른 색으로 변합니다. 사과 이외에도 배, 바나나, 감자, 고구마 등이 갈변 현상을 일으킵니다. 그렇다면 이런 현상을 막을 수 있는 방법은 없을까요?

폴리페놀은 열에 약해서 열을 가하면 전혀 다른 물질로 변합니다. 산소와 만나도 갈변 현상을 일으킬 수 없게 됩니다. 그래서 식품을 가열해 요리를 하면 갈변 현상을 막을 수 있습니다. 또 다른 방법에는 과일이나 채소의 껍질을 벗기거나 자른 면이 공기와 닿지 않도록 물이나 소금물에 담가 두는 방법이 있습니다.

TIP 요건 몰랐지?

달에서도 유통 기한을 지켜야 할까요?

습기를 통제하기 위해 설탕에 절이는 방법.

유통 기한은 음식을 상하게 하지 않고 안전하게 먹을 수 있도록 식품이 시중에 유통될 수 있는 시기를 말합니다. 그렇다면 음식은 어떤 조건에서 상할까요?

산소와 적당한 습기, 따뜻한 온도의 조건을 갖추면 금방 부패합니다. 이런 조건들이 잘 맞으면 빠른 속도로 음식물이 상하고, 오래 보관할 수 없어요.

산소를 통제해서 저장하는 방법에는 진공 포장이 있어요. 습기를 통제하는 방법에는 음식을 말리는 방법과 소금이나 설탕에 절이는 방법이 있습니다. 온도를 통제하는 방법에는 음식을 냉동시키는 방법이 있어요. 그렇다면 달에 음식을 가지고 간다면 어떻게 될까요? 달에는 산소가 없습니다. 음식이 부패하는 조건 중에서 산소를 통제하게 되므로 음식물을 먹을 수 있는 기한이 아주 길어집니다.

습기를 통제하기 위해 소금에 절이는 방법.

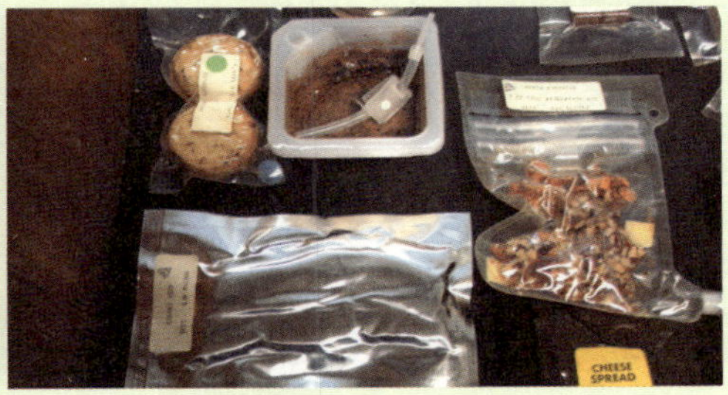

특수 진공 포장된 우주 식량.

Q&A 꼭 알고 넘어가자!

문제 1 물리변화란 무엇일까요? 아이스크림을 예로 들어 설명해 보세요.

문제 2 화학변화란 무엇일까요? 사과의 갈변 현상을 예로 들어 설명해 보세요.

3. 음식은 산소, 적당한 습기와 온도가 갖추어지면 금방 상합니다. 그래서 음식을 오래 저장하기 위해서는 앞의 조건들을 없애 주어야 해요. 산소를 통제해서 저장하는 방법에는 진공 포장이 있고, 습기를 통제한 방법에는 말리는 방법과 소금이나 설탕에 절이는 방법이 있습니다. 온도를 통제하는 방법에는 냉동시키는 방법이 있습니다.

문제 3 음식을 사면, 유통 기한이 표시되어 있습니다. 그렇다면 음식은 어떤 조건에서 상할까요? 또 음식을 오래 저장하기 위해서는 어떻게 해야 할까요?

정답

1. 처음에 아이스크림은 얼어서 딱딱합니다. 얼어 있는 아이스크림은 고체이지요. 그런데 아이스크림을 먹다 보면 녹기 시작합니다. 줄줄 흐르는 액체가 되겠지요. 그렇지만 녹은 아이스크림은 처음 딱딱했던 아이스크림의 색깔과 맛을 그대로 유지합니다. 모양과 크기, 양은 변하지만 그 물질이 가진 성질은 변하지 않는 현상을 물리변화라고 합니다.

2. 사과의 갈변 현상은 '사과'라는 물질이 산소를 만나 갈색의 새로운 물질이 되는 현상입니다. 처음에 사과를 이루었던 분자는 산소와 결합하고 처음과 전혀 다른 새로운 분자가 됩니다. 처음의 사과와 전혀 다른 사과이기 때문에 맛이 달라지고, 색깔도 변합니다. 화학반응으로 전혀 다른 성질이 나타났다고 볼 수 있어요.

관련 교과

초등 5학년 2학기 5. 용액의 반응

중학교 3학년 3. 물질의 구성, 5. 물질 변화에서의 규칙성

2. 산화 반응과 환원 반응

두 가지 이상의 물질 사이에 화학변화가 일어나서 다른 물질로 변화하는 과정을 화학반응이라고 합니다. 화학반응은 크게 산화·환원·중화 반응으로 나눌 수 있어요. 이번 장에서는 산화·환원 반응에 대해 자세히 알아보겠습니다.

산화 반응이란 무엇일까요?

어떤 한 물질이 다른 물질과 만나면서 산소를 가지게 되는 것이 산소로 인한 산화 반응입니다. 또 수소를 가지고 있던 물질이 다른 물질과 만나면서 수소를 잃어버리면 그 다른 물질이 수소를 가져갑니다. 이것은 수소에 의한 산화 반응입니다. 마지막으로 전자를 잃어버리면 전자에 의한 산화 반응이 됩니다.

'질량'이라고 들어 본 적이 있나요? 무거와는 조금 다릅니다. 무게는 무거운 정도를 숫자로 나타낸 것으로, 지구가 당기는 힘 때문에 생겨요. 따라서 장소에 따라 조금씩 변합니다. 지구가 당기는 힘은 거의 비슷하지만 어떤 곳은 당기는 힘이 매우 작고, 또 어떤 곳은 당기는 힘이 매우 크기 때문이에요. 무게와는 달리 질량은 지구가 당기는 힘에 영향을 받지 않습니다. 따라서 질량은 어느 곳에서든지 항상 같은 양을 나타내요. 지구에서 질량이 60kg이라면 우주에 가서도 질량은 60kg입니다.

여러분은 흔히 친구에게 몸무게를 물을 때 "너 몇 kg이니?"라고 물어요. 정확히 말하면 이 말은 틀린 표현입니다. 몸무게는 중력에 의한 무게이기 때문에 'kg'이 아닌 'N(뉴턴)' 또는 'kgf'으로 물어보아야 해요.

달에서의 중력은 지구에서의 약 6분의 1 정도로 작아지기 때문에 무게 역시 6분의 1로 작아집니다. 지구에서 몸무게가 60N인 사람이 달에 가면

달에 가도 질량은 변하지 않는다.

10N이 됩니다. 지구에서 몸무게가 60N인 사람의 질량은 약 6kg입니다. 그렇다면 이 사람이 달에 간다면 질량은 몇 kg일까요? 달에 가도 질량은 변하지 않기 때문에 그대로 6kg입니다. 질량의 개념을 이해했나요?

연소는 물질이 산소와 결합해 열과 빛을 내는 반응이라고 배웠어요. 연소는 산소를 얻어서 반응하기 때문에 산화 반응에 속합니다. 예를 들어, 강철로 만든 솜이 있다고 생각해 보세요. 정말 강철로 솜을 만드는 것이 아니라 철 수세미같이 강철을 얇게 뽑아서 솜처럼 뭉쳐 놓은 것입니다. 이 강철 솜을 연소시키면 어떤 변화가 일어날까요?

먼저, 강철 솜의 질량이 처음보다 증가합니다. 강철 솜이 연소하면서 산소와 결합했기 때문이에요. 강철 솜의 질량에 산소의 질량이 더해졌어요.

뉴턴

힘의 국제 단위입니다. 기호는 N으로 표시합니다. 1N은 질량이 1kg인 물체의 속력을 1초마다 1m씩 변화시킬 수 있는 힘의 크기입니다.

kgf

힘의 크기 또는 무게를 나타내는 단위로서 중량킬로그램이라고도 합니다. 1kgf은 질량 1kg의 물체에 작용하는 표준 중력의 크기입니다. 기호는 kgw 또는 kgf입니다.

기체인 산소에도 질량이 있냐고요? 네, 있어요. 적긴 하지만 산소가 가진 질량만큼 강철 솜의 질량도 늘어납니다. 질량 외에 다른 변화도 있어요. 처음에는 일반적인 철의 색을 띠고 있던 강철 솜이 연소한 뒤에는 검게 변했습니다. 또, 강철 솜은 자석에 잘 붙는 성질이 있었지만 연소 후에는 자석에 붙지 않아요. 연소하면서 철의 성질을 잃어버렸기 때문입니다. 연소 이외의 다른 산화 반응에 대해서도 알아보겠습니다. 그러기 위해서는 먼저 원자와 이온이 무엇인지 알아야 합니다.

앞에서 원자는 더 이상 쪼갤 수 없는 가장 작은 알갱이라고 했습니다. 원자 안에는 핵과 전자가 있어요. 그 핵을 중심으로 전자가 분포해 있습니다. 다시 말해 전자는 원자를 이루고 있는 성분이에요. 전자는 자기 나름대로 좋아하는 물질이 있습니다. 그래서 좋아하는 물질을 만나면 자기가 있던 곳에서 빠져나가 그 물질에게로 가 버려요. 전자가 처음에 있던 물질에서 빠져나가는 것을 산화 반응이 일어났다고 합니다.

그렇다면 이온은 무엇일까요? 어떤 물질이 물이나 그 외의 액체에 녹아 전자를 내놓으면 원래 자신이 가지고 있던 전자의 개수보다 적어지면서 양

이온이 됩니다. 반면에 전자를 얻어서 원래보다 전자가 많아지면 음이온이 됩니다. 이렇게 어떤 용액에 녹아 자신이 가지고 있던 원래 전자 개수보다 적거나 많아지는 원자를 이온이라고 합니다. 이온이 무엇인지 알았다면 다른 산화 반응에 대해 자세히 알아볼게요.

구리는 전기가 잘 통하고 구부러져 전선에 많이 쓰인다.

구리는 우리 주변에서 흔히 볼 수 있기 때문에 무엇인지는 다들 알고 있을 거예요. 구리가 사용된 대표적인 예는 전선입니다. 전선의 까만 덮개를 벗겨내면 붉은빛의 금속이 있어요. 이 금속이 구리입니다.

질산은은 질산이라는 액체에 은을 녹여 얻은 결정을 말해요. 어떤 물질을 물에 녹인 액체를 수용액이라고 하는데, 질산은과 물을 섞은 용액을 질산은 수용액이라고 합니다. 질산은수용액에 녹은 은은 눈에 보이지 않습니다. 그렇다면 질산은수용액에 구리를 넣으면 어떻게 될까요?

질산은수용액에 구리를 넣고 한참 기다리면, 조그만 알갱이들이 구리 표면에 달라붙습니다. 이 알갱이들이 바로 은 결정이에요. 여기에 구리를 넣으면 구리는 전자를 내놓고 구리 이온이 됩니다. 구리가 전자를 내놓았기 때문에 산화 반응이 일어난 것

질산

강한 산성을 나타내는 자극성 냄새를 가진 무색 액체입니다. 빛이나 열에 노출되면 서서히 분해되어 이산화질소가 생기며 황갈색으로 변한다. 따라서 질산은 반드시 갈색 병에 넣어 어두운 곳에 보관해야 합니다.

결정

원자와 이온, 분자가 규칙적으로 배열되고, 겉모양도 규칙 바른 모양을 이루는 것을 말합니다.

입니다.

구리 이온은 전자를 내놓았기 때문에 양이온이 됩니다. 은 이온은 구리가 내놓은 전자를 받아서 은 결정이 됩니다. 이 결정이 구리 표면에 하나둘씩 달라붙으면서 눈에 보입니다. 이때 한 가지 큰 변화가 일어납니다. 질산은수용액의 색깔이 푸른색으로 변했습니다. 이 현상이 일어나는 이유는 원래 붉은색이었던 구리가 전자를 내놓고 구리 이온이 되면서 푸른색으로 변했기 때문입니다.

수소 성분을 가지고 있다가 화학반응이 일어나면서 수소가 다른 물질에 붙거나 기체로 날아가는 경우도 산화 반응이라고 합니다. 염산이라는 수용액의 이름을 들어 본 적 있나요? 염산은 염화수소의 수용액으로 강한 산성을 띠고 있습니다. 금속을 녹일 수 있을 정도이기 때문에 위험한 물질이에요. 모든 금속을 녹이지는 못하고 마그네슘, 알루미늄, 아연, 철 등의 금속만 녹입니다. 이런 금속을 이온화 경향성이 큰 금속이라고 해요. "이온

마그네슘은 전자를 방출해 양이온이 되려고 하는 경향이 큰 금속이다.

화 경향성이 크다."라는 말은 어떤 물질과 반응할 때 이온이 잘된다는 뜻입니다. 이온화 경향성이 큰 금속은 염산과 만나면 수소 기체를 만듭니다.

염산은 염소와 수소의 화합물인 염화수소로 이루어져 있는데 물에 녹아 있기 때문에 수소 이온과 염소 이온의 상태로 있습니다. 이때 금속이 들어오면 금속은 전자를 내놓고 양이온이 됩니다. 금속이 내놓은 전자는 수소 이온에 붙어 수소 기체가 되어 날아갑니다. 염산에 있던 수소가 떨어져 나가는 과정이 바로 산화 반응이에요.

환원 반응이란 무엇일까요?

지금부터는 환원 반응에 대해 알아보겠습니다. 환원 반응은 산화 반응의 반대 개념입니다. 환원 반응 역시 산화 반응처럼 세 가지로 나눌 수 있습니다. 산소를 잃는 경우, 수소를 얻는 경우, 전자를 얻는 경우입니다. 산소를 얻고, 수소와 전자를 잃는 산화 반응과 정반대이지요?

산화 반응과 환원 반응을 좀 더 쉽게 알기 위해 산소에 의한 반응을 살펴보겠습니다. 산소는 양이온도 음이온도 아닌 상태에서 어떤 물질과 반응하면, 반응을 일으키는 물질이 내놓은 전자를 받아 음이온이 됩니다. 반대로 전자를 내놓은 물질은 양이온이 되지요. 이때 음이온이 된 산소 이온이 다른 양이온인 어떤 물질과 붙어서 새로운 물질이 됩니다. 이 물질은 산소를 얻었기 때문에 산화되었고, 반대로 산소는 전자를 얻어서 음이온이 되었으므로 환원되었습니다.

앞에서 질산은수용액에 구리를 넣어서 일어나는 반응을 살펴보았어요. 이때 구리는 전자를 내놓고 구리 이온이 되었고, 질산에 녹아 있던 은은 구리가 내놓은 전자를 받아서 은 결정이 되었습니다. 구리는 전자를 내놓았기 때문에 산화되었고, 은 이온은 전자를 받았기 때문에 환원되었습니다.

또 다른 예로 암모니아를 살펴보겠습니다. 암모니아는 고약한 냄새가 나는 기체로서 질소와 수소로 이루어져 있는 화합물입니다. 질소가 수소를 얻어 생기는 반응으로 만들어지므로 환원 반응에 속합니다.

■ **암모니아 생성 반응**

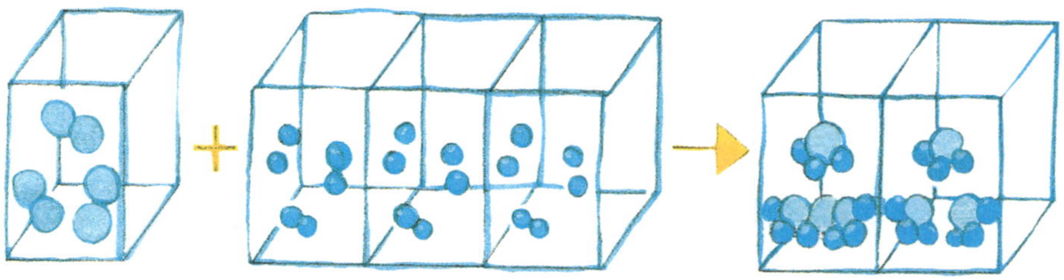

산화 반응과 환원 반응은 대부분 동시에 일어납니다. 구리를 질산은수용액에 넣어서 일어나는 반응에서도 구리는 산화 반응, 은은 환원 반응을 일으켰지요. 또, 염산에 금속을 넣어서 일어나는 반응에서도 염산은 수소를 잃었기 때문에 산화 반응, 수소는 전자를 얻어서 기체로 날아가기 때문에 환원 반응이 일어났습니다. 염산과 금속이 만나면서 전자를 주고받기 때문에 자연스럽게 산화·환원 반응이 일어납니다. 그래서 산화·환원 반응은 대부분 동시에 일어난다고 할 수 있습니다.

수소는 특정 물질을 제외하고는 잘 결합하지 않습니다. 잘 결합하는 물질 중에 할로젠 원소가 있습니다. 할로젠 원소란 플루오르, 염소, 브롬, 요오드, 아스타틴의 다섯 개의 원소를 통틀어 이르는 말입니다. 공기 중에서 쉽게 산화하는 비금속 원소로, 다른 원소와 쉽게 결합해요.

플루오르

자극적인 냄새가 나는 연한 누런빛을 띤 녹색 기체예요. 화학적 작용이 강해 질소 이외의 모든 원소와 화합합니다. 방부제, 충치 예방제 등을 만드는 데 쓰여요.

수소는 나트륨과는 잘 반응하지 않습니다. 하지만 온도를 많이 올리고, 매우 큰 압력을 가하면 액체 상태의 나트륨과 반응해 수소화나트륨을 만들어요. 이 물질은 고체 상태로 일정한 모양을 갖고 있습니다. 모양은 염화나트륨(소금)의 모양과 비슷하지만 성질은 전혀 다르답니다. 또한 수소화나트륨은 고체 상태이기 때문에 운반은 물론 휴대하기 쉽습니다. 하지만 물과 닿으면 격렬하게 반응하기 때문에 다룰 때 주의를 기울여야 해요.

브롬

불쾌한 자극적인 냄새가 나고 휘발성이 강한 적갈색의 액체 원소예요. 간수나 바닷물을 원료로 만듭니다. 살균제, 의약품 등에 쓰여요.

요오드

광택이 있는 어두운 갈색 결정으로 승화하기 쉽습니다. 기체 요오드는 자주색을 띠고 독성이 있어요. 의약품이나 화학 공업에 널리 쓰입니다.

아스타틴

방사성 원소의 하나예요. 상온에서는 고체이고, 금속성이 강합니다. 천연적으로는 아주 작은 양이 존재해요.

TIP 요건 몰랐지?

간장 게장은 아무 그릇에나 담지 마세요

간장 게장은 유리나 플라스틱 재질로 된 그릇에 보관해야 한다.

간장 게장을 먹어 본 적 있나요? 간장 게장은 우리나라 고유의 젓갈로서, 손질한 꽃게에 양념간장을 부어 담근 음식이에요. 젓갈은 오래 두고 먹는 음식이기 때문에 보관 방법이 중요합니다. 간장 게장을 담는 그릇은 유리나 플라스틱 재질을 사용해야 해요. 알루미늄 재질로 된 그릇에 간장 게장과 같은 음식을 담으면 안 됩니다.

알루미늄은 산소와 쉽게 반응하기 때문에 산소와 만나면 녹이 슬어요. 이때 생기는 물질이 산화알루미늄입니다. 산화알루미늄이 그릇 표면에 생기면서 아직 산소와 만나지 않은 알루미늄의 산화를 막아 줍니다. 알루니늄 그릇의 부식을 막아 주지요. 그런데 산화알루미늄은 소금이 섞인 물인 짠물을 만나면 알루미늄 그릇을 부식시켜요. 따라서 간장으로 요리한 음식을 알루미늄 그릇에 담으면 음식이 상할 수 있습니다. 기억해 두면 꽤 쓸모 있는 상식이랍니다.

산화·환원 반응을 이용해서 만든 전지

알레산드로 볼타. 볼타 전지를 발명해 처음으로 정상적인 전류를 얻었다.

벽에 걸려 있는 시계는 어떻게 움직일까요? 휴대전화는 무엇으로 작동할까요? 전지로 작동합니다. 전지가 떨어지면 충전해서 사용하지요. 그렇다면 전지는 누가 처음 만들었고, 충전은 어떻게 할까요?

전지는 산화·환원 반응을 이용해 만든 장치예요. 1800년 이탈리아의 알레산드로 볼타라는 사람이 처음 만들었습니다. 당시 볼타가 만든 전지는 지금과는 조금 다른 모습이었어요. 위에 은판을 놓고, 아래에는 아연판을 놓았습니다. 그 사이에 소금물을 충분히 적신 판자를 여러 개 겹쳐 놓았어요. 위와 아래에 있는 은판과 아연판을 전선으로 연결해 전류를 흐르게 했습니다.

이 원리를 이용하여 묽은 황산 속에 아연판과 구리판을 담근 것이 볼타 전지입니다. 묽은 황산에 잠긴 아연판에서는 아연이 전자를 잃고 점점 녹게 됩니다. 아연판과 구리판을 전선으로 연결하면 아연판에 모여 있던 전자들이 구리판으로 이동합니다. 구리판으로 이동한 전자들은 묽은 황산 안에 있던 수소 이온에게 전자를 주고, 수소 이온은 수소 기체로 변해 구리판

■ 볼타 전지의 원리

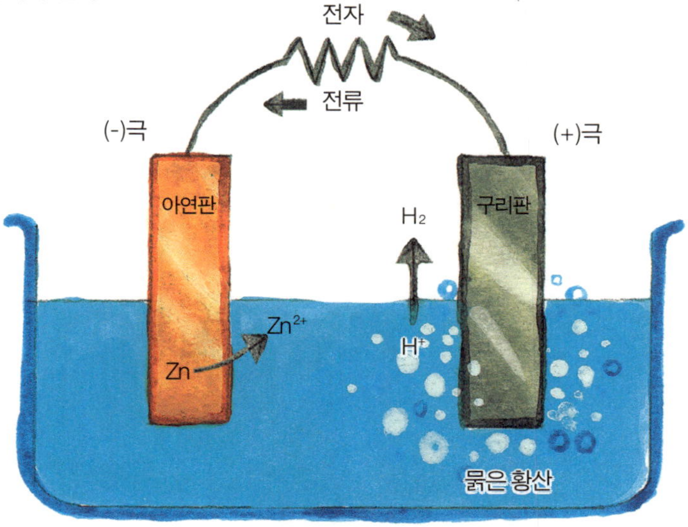

에서는 수소 기체가 발생합니다. 이 전선 가운데 꼬마전구를 달면 전기 에너지를 받은 꼬마전구에 불이 켜집니다.

그러면 실제로 쓰이는 전지의 내부는 어떨까요? 전지에서 볼록 튀어나온 부분이 (+)극이고, 반대쪽이 (-)극이라는 사실은 알고 있지요? (+)극 쪽에는 금속판이 있고, (-)극 쪽에는 아연판이 있어요. 그 사이에 탄소막대가 들어 있습니다. 막대 주변에는 물에 녹인 염화암모늄, 이산화망가니즈, 탄소 가루를 넣어요. 그리고 그 주변은 염화암모늄을 스며들게 한 종이로 싸여 있습니다. 최초의 전지와 비슷한 원리로 아연판에서는 전자를 내놓아서 산화 반응을

알레산드로 볼타
Alessandro Volta, 1745~1827

이탈리아의 물리학자예요. 1780년 볼타의 친구 루이지 갈바니는 두 개의 서로 다른 금속을 개구리의 근육과 접촉시키면 전류가 발생한다는 사실을 발견했습니다. 볼타는 1794년 금속만을 가지고 실험을 시작해서 동물조직이 전류를 발생시키는 데 필수적이지는 않다는 사실을 알아냈어요. 이 발견은 동물 전기 지지자들과 금속 전기 신봉자들 사이에 많은 논쟁을 불러일으켰습니다. 그러나 1800년 최초의 전지를 보여줌으로써 승리는 볼타에게 돌아갔어요.

하고, 가운데에 있는 탄소막대에서는 전자를 받아서 환원 반응을 해요. 내부에서는 전지의 수명이 다 할 때까지 계속 산화·환원 작용을 해서 전류를 흐르게 합니다.

■ 건전지 내부의 모습

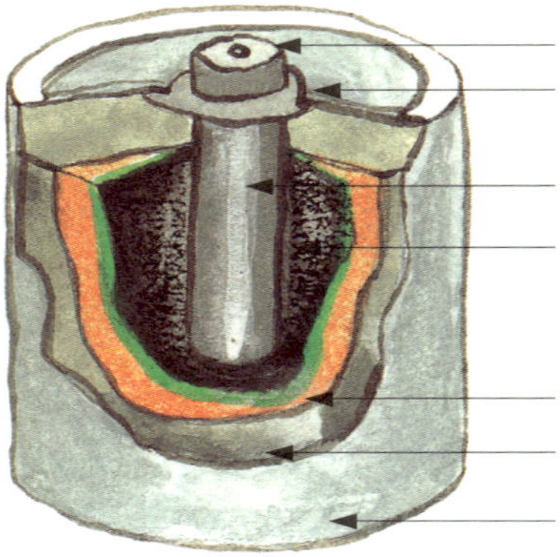

염화암모늄

암모늄과 염화수소를 반응시켜 만든 흰 고체예요. 냄새가 없고 쓴맛이 나며 물에는 잘 녹지만 알코올에는 잘 녹지 않습니다. 전지를 만들 때, 염색할 때, 약을 만들 때 쓰여요.

이산화망가니즈

이산화망간이라고도 합니다. 망가니즈에 두 원자의 산소가 결합한 물질이에요. 흑갈색 가루로 물감, 잿물, 성냥, 전지 등을 만드는 데 쓰거나 산화제로 쓰입니다.

전지는 1차 전지, 2차 전지로 나눌 수 있어요. 1차 전지는 우리가 한 번만 사용하고 버리는 일회용 전지를 말합니다. 2차 전지는 휴대폰이나 자동차에 쓰이는 전지처럼 충전하면 원래 상태로 비슷하게 돌아갈 수 있는 전지를 말해요.

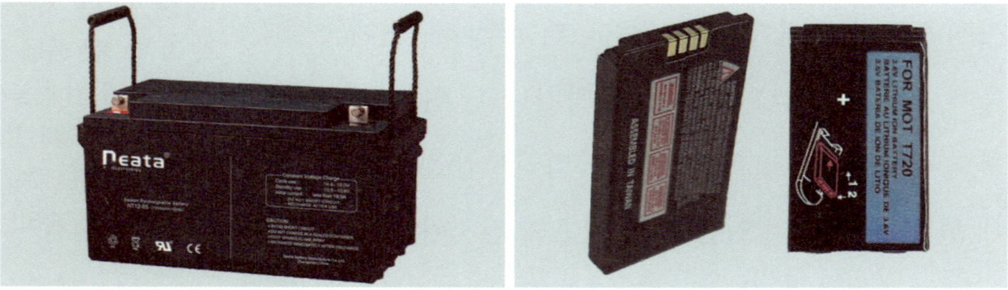

자동차용 축전지와 휴대전화 배터리. 방전된 뒤에는 충전해 계속 쓸 수 있는 2차 전지이다.

TIP 요건 몰랐지?

레몬으로 전지를 만들어요

전지를 처음 발명한 볼타처럼 전지를 직접 만들어 보면 어떨까요? 과일로 전지를 만들 수 있습니다. 먼저 레몬을 두 개 준비해요. 그리고 아연판과 구리판을 준비합니다. 아연판을 구하기 어렵다면 알루미늄 호일로 대신해도 됩니다. 또, 구리판 대신 집에 있는 은수저나 동전을 사용해도 됩니다. 마지막으로 전선과 꼬마전구를 준비해요.

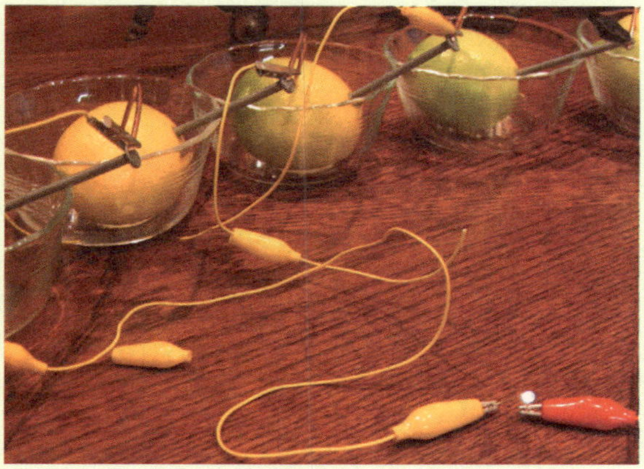
레몬의 수가 많아지면 전구의 밝기가 밝아진다.

준비된 과일 한쪽에 구리판을 꽂은 다음 나머지 한쪽에 아연판을 꽂습니다. 그리고 두 판에 전선을 연결하고, 전선 사이에 꼬마전구를 연결합니다. 그러면 깜빡깜빡 꼬마전구에 불이 들어오는 것을 확인할 수 있어요. 과일 전지가 완성됐습니다. 레몬의 개수가 많을수록 꼬마전구는 더욱 밝아져요.

레몬 전지에 불이 들어오는 이유는, 레몬에 꽂힌 구리판과 아연판이 과일 속에 있는 전해질과 반응해 전류를 흐르게 하기 때문입니다. 전해질이란 물에 녹아서 음이온, 양이온이 생기는 물질을 말합니다. 레몬 속에 든 구연산이 바로 전해질 역할을 합니다. 신맛이 나는 구연산은 오렌지나 귤 속에도 들어 있습니다. 레몬 대신 오렌지나 귤을 이용해서 전지를 만들어 보세요.

Q&A 꼭 알고 넘어가자!

문제 1 강철로 만든 솜을 연소시키면 질량이 처음보다 증가합니다. 이유가 무엇인가요?

문제 2 산화 반응이 일어나는 세 가지 조건에 대해서 말해 보세요.

3. 전지는 1차 전지, 2차 전지로 나눌 수 있어요. 1차 전지는 우리가 한 번만 사용하고 버리는 일회용 전지를 말합니다. 2차 전지는 휴대전화나 자동차에 쓰이는 전지처럼 충전하면 원래 상태로 비슷하게 돌아갈 수 있는 전지를 말해요.

문제 3 전지에는 두 가지 종류가 있습니다. 무엇인지 말해 보세요.

정답

1. 연소하기 위해서는 반드시 산소가 필요해요. 강철 솜 역시 연소하면서 산소와 결합했습니다. 기체에도 질량이 있기 때문에 강철 솜의 질량은 산소 기체의 질량만큼 늘어나게 됩니다. 그래서 강철 솜을 연소시키면 처음의 질량보다 증가하게 됩니다.

2. 첫 번째, 산소를 얻는 경우입니다. 어떤 한 물질이 다른 물질과 만나면서 산소를 가지게 되는 것이 산소로 인한 산화 반응이에요. 두 번째, 수소를 잃는 경우입니다. 수소를 가지고 있던 물질이 다른 물질과 만나면서 수소를 잃어버리면 다른 물질이 수소를 가져가게 됩니다. 이것은 수소에 의한 산화 반응입니다. 마지막으로 전자를 잃는 경우예요. 전자를 잃어버리면 전자에 의한 산화 반응이 일어난 것입니다.

관련 교과

중학교 1학년 3. 상태변화와 열에너지
중학교 3학년 5. 물질 변화에서의 규칙성

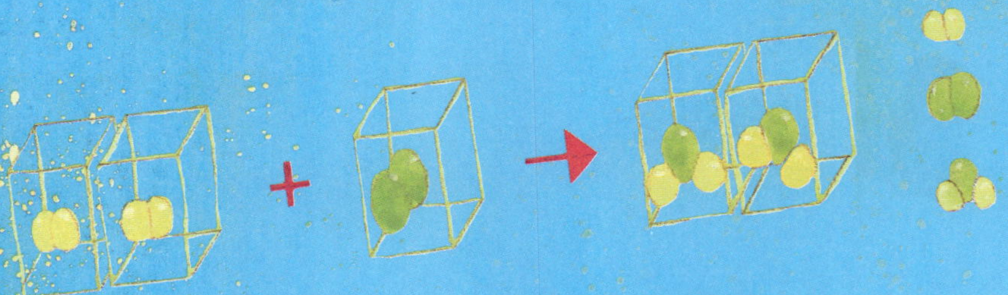

3. 발열반응과 흡열반응

기계나 물질이 운동할 때는 거의 대부분 열을 발생하거나 흡수해요. 운동과 열을 따로 떼어 생각할 수 없습니다. 화학반응이 일어날 때도 열을 발생하거나 흡수해요. 이번 장에서는 이러한 발열반응과 흡열반응에 대해 자세히 살펴보겠습니다.

발열반응

발열이라는 말을 들어 본 적 있나요? 발열의 '발(發)'은 어떤 것이 나타나다, 일어나다, 드러나다 등의 뜻을 가진 한자입니다. '열(熱)'은 더운, 뜨거운, 태우는 등의 뜻을 가진 한자예요. 한자가 가진 뜻만 보면 '뜨거운 열이 난다.' 정도로 볼 수 있습니다. 그렇다면 지금부터 발열반응이란 무엇인지 자세히 알아보겠습니다.

에스키모는 얼음집을 짓고 살아요. 날씨가 추워지면 이들은 얼음집 바닥에 물을 뿌립니다. 그러면 더 추울 것 같지만 그렇지 않아요. 얼음집 바닥에 뿌려진 물은 영하의 날씨 때문에 얼마 지나지 않아 단단히 얼게 됩니다. 물은 자신이 가지고 있는 열을 밖으로 방출하면서 온도를 낮추기 때문에 주변은 따뜻해집니다. 얼음집 안의 온도가 바깥 온도보다 조금 더 높아집니다. 이때 찬물보다 뜨거운 물을 뿌리는 것이 더 효과적입니다. 바닥에 뿌려진 뜨거운 물은 온도가 높고 겉면적이 넓어서 증발이 빨리 일어나요. 증발로 물의 양이 줄어들어 같은 양의 찬물보다 어는 온도까지 빨리 도달해 그만큼 빨리 따뜻해집니다. 이처럼 물이 얼면서 열을 방출하는 현상을 발열반응이라고 합니다.

에스키모

북극, 캐나다, 그린란드 및 시베리아의 북극 지방에 사는 인종을 말해요. 피부는 황색이고, 주로 사냥이나 물고기를 잡는 일을 합니다. 여름에는 흩어져 살다가 겨울에는 모두 모여 살아요. 에스키모를 다른 말로 '이누이트'라고 부르기도 합니다.

바깥의 차가운 공기를 막아 주기 때문에 얼음집 안은 밖보다 온도가 높다. 또 얼음집 바닥에 물을 뿌리면 물이 얼면서 가지고 있던 열기를 바깥으로 버리기 때문에 얼음집 안의 온도가 올라간다.

세상의 모든 물질은 저마다 에너지를 가지고 있어요. 어떤 것은 아주 큰 에너지를 가지고 있고, 어떤 것은 아주 작은 에너지를 가지고 있습니다. 그런데 이렇게 에너지를 가진 물질들이 그대로 있지는 않아요. 주변 환경의 변화에 따라 반응을 일으켜 다른 물질을 만들어 내기도 합니다.

화학변화를 생각해 보면 알 수 있습니다. 어떤 물질이 만나서 전혀 다른 물질을 만들어 냅니다. 이때 반응에 참여해서 새로운 물질을 '반응물질'이라고 하고, 새로 만들어진 물질을 '생성물질'이라고 합니다. 반응에 참여한 물질들의 에너지가 많고, 새로 만들어진 물질들의 에너지가 적은 경우 남는 에너지가 생겨요. 이 에너지가 열의 형태로 빠져나오는 반응을 '발열

■ 발열반응에 따른 에너지 변화

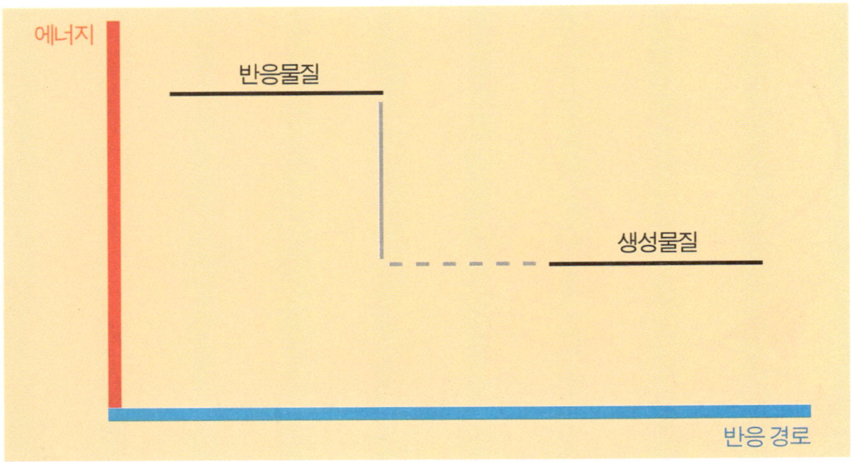

반응' 이라고 합니다. 발열반응은 반응한 물질들의 에너지가 생성된 물질들의 에너지보다 더 커서 그 차이만큼의 에너지가 외부로 방출됩니다.

좀 더 쉽게 설명해 볼게요. A라는 물질은 에너지를 30만큼 가지고 있어

요. B라는 물질은 에너지를 20만큼 가지고 있습니다. A와 B가 만나 반응하면서 C를 만들어 냈는데, C는 에너지를 40만큼만 담을 수 있어요. A의 에너지 30과 B의 에너지 20이 더해지면 50이 되지만 C는 40만 가질 수 있기 때문에 남는 10은 버려야 합니다. 이때 남는 에너지는 열의 형태로 버려져요.

이렇게 방출되는 에너지 때문에 반응이 일어나면 주변 온도는 올라가게 됩니다. 그래서 이러한 반응을 발열반응이라고 부르지요.

손난로는 발열반응으로 열이 나요

아세트산나트륨

아세트산을 수산화나트륨이나 탄산나트륨으로 중화하거나 아세트산칼슘에 황산나트륨을 섞어서 만드는 아세트산의 나트륨염이에요. 무색의 결정으로, 알코올에 잘 녹습니다. 난방 기구의 보온 재료로 사용됩니다.

활성탄

흡착성이 강한 탄소질 물질이에요. 목탄 등을 활성화해 만드는 것으로, 색소나 냄새를 잘 빨아들입니다. 그래서 탈색이나 촉매, 방독면 등에 쓰여요.

여러분은 한겨울에 손난로를 사용한 적 있나요? 손난로는 안에 든 물질이 액체로 된 것과 가루로 된 것으로 나눌 수 있습니다. 두 개 모두 발열반응에 의해 열이 발생하는 기구입니다.

먼저 액체로 된 손난로의 경우, 아세트산나트륨이라는 물질을 물에 녹인 액체를 사용합니다. 아세트산나트륨은 물에 녹으면 매우 불안정한 상태가 되어서 아주 조금만 자극을 주어도 고체로 변하는 성질이 있어요. 자극을 받으면 숨은열을 내놓고 결정을 이룹니다. 그래서 손난로 안에 들어 있는 동그란 금속을 똑딱, 소리가 나도록 몇 번 꺾어 주면 하얗게 굳으면서 열이 납니다. 액체 손난로는 사용한 다음 끓이면 액체 상태로 돌아가기 때문에 여러 번 사용할 수 있습니다.

가루로 된 손난로의 경우 일반적으로 쇳가루와 소금, 활성탄 등을 사용합니다. 손난로를 흔들어 주면 서서히 열이 나기 시작해 매우 따뜻해집니다. 손난로 속에 들어 있는 철가루가 공기 중의 산소와 반응해 산화되면서 열을 내기 때문입니다. 그렇다면 손난로 안에는 왜 소금과 활성탄을 넣을까요?

일반적으로 철이 산소와 반응하는 시간은 오래 걸립니다. 그래서 소금과 활성탄이 철과 산소가 빠르게 반응하도록 도와주는 역할을 해요. 그렇게 해야 한꺼번에 열을 발생시켜 난로 역할을 할 수 있지요. 하지만 한 번 산화된 철들은 원래 상태로 돌아올 수 없기 때문에 가루로 된 손난로는 다시 사용할 수 없습니다.

액체 손난로. 안에 들어 있는 금속으로 액체를 응고시켜 열을 내보낸다.

금속과 염산이 만나 반응이 일어날 때에도 열이 발생합니다. 그리고 우리가 먹은 음식물은 산화 과정을 거쳐 이산화탄소와 물이 됩니다. 이 과정에서 열이 발생하면서 우리 몸에 필요한 에너지를 얻을 수 있습니다. 또 진한 황산은 물에 희석해 사용해야 하는데 물에 황산을 넣으면 많은 열이 발생합니다. 에너지가 열의 형태로 빠져나오는 반응을 보였으므로 모두 발열반응에 속합니다.

황산

색과 냄새가 없고 끈끈한 액체예요. 강한 산성으로 금과 백금을 제외한 대부분의 금속을 녹입니다. 유기물을 분해하고, 물에 섞으면 많은 열을 내면서 습기를 빨아들여요. 여러 가지 약품을 만드는 기초 원료로서 화학 공업에 널리 쓰입니다.

TIP 요건 몰랐지?

달걀로 수소 폭탄 만들기

중수소의 핵융합을 이용해 만든 수소 폭탄.

수소 기체는 불에 잘 타는 특징이 있습니다. 이러한 수소의 특징을 알 수 있는 몇 가지 재미있는 실험이 있는데, 가장 유명한 실험 중의 하나가 달걀로 수소 폭탄을 만드는 실험입니다.

달걀 한 개, 삼각 플라스크 두 개, 염산 조금과 마그네슘 조각을 준비합니다. 삼각 플라스크를 막을 고무마개와 마개에 연결할 고무관도 함께 준비해요. 이 준비물들로 이제 실험해 보겠습니다.

우선 달걀에 작은 구멍을 뚫은 다음 달걀 속을 깨끗이 비워 잘 말립니다. 삼각 플라스크에 염산을 조금 넣고, 마그네슘 조각을 두세 개 넣어요. 곧이어 삼각 플라스크 안에서 수소 기체가 발생합니다. 고무마개로 삼각 플라스크 입구를 막은 다음 고무관을 연결해요. 삼각 플라스크 안에서 나오는 수소 기체를 고무관을 통해 빼내기 위해서입니다. 고무관의 끝은 처음에 뚫었던 달걀의 구멍으로 연결해 수소 기체를 모읍니다. 달걀에 어느 정도 수소 기체가 모였다고 생각되면, 나머지 빈 플라스크의 입구에 달걀의 구멍이 위를 향하도록 올려놓아요. 그런 다음 달걀 구멍의 입구에 불을 붙이면 펑, 하는 소리를 내면서 달걀이 터집니다. 수소가 산소와 반응하면서 열을 만들었기 때문이에요. 이런 현상은 발열반응에 속합니다.

실험할 때 염산과 불을 다루기 때문에 반드시 주의를 기울여야 해요. 염산은 물을 많이 탄 묽은 염산으로 준비한 후 절대 손에 묻지 않도록 하고, 혹시 묻었다면 바로 물로 씻어 내야 합니다. 그리고 달걀에 불을 붙이기 전에는 주변에 탈 물질이 있으면 반드시 치웁니다.

TIP 요건 몰랐지?

알코올로 자동차를 움직일 수 있어요

가장 대표적인 발열반응은 연소입니다. 특히 알코올이 연소하면 알코올 속에 숨어 있던 에너지가 열에너지로 방출합니다.

자동차는 대부분 휘발유를 이용해 달립니다. 그런데 휘발유 대신 알코올을 사용해도 달릴 수 있다는 사실, 알고 있나요? 에탄올을 사용해 차를 달리게 할 수 있습니다. 알코올을 다른 말로 에탄올이라고 합니다. 에탄올은 화석 연료를 대체하는 친환경 바이오 연료입니다. 현재 바이오 에탄올의 대부분은 옥수수, 사탕수수 등에서 추출합니다. 밀이나 감자, 보리, 고구마 등에서도 바이오 에탄올을 추출할 수 있습니다.

바이오 에탄올을 연료로 하는 자동차.

바이오 에탄올의 원료인 옥수수.

에탄올을 가장 많이 생산하는 브라질은 에탄올 자동차도 제일 먼저 만들었습니다. 에탄올 자동차를 만들기 위해 무려 30년이라는 시간을 투자했습니다. 에탄올 자동차는 연료 소비율이 휘발유 자동차보다 20% 정도 많이 들지만 연료는 가솔린보다 훨씬 저렴하다는 장점이 있어요. 또한 일산화탄소의 배출량이 훨씬 줄어서 도시의 자동차로써 적합하다는 평가를 받고 있습니다.

흡열반응

발열반응에 대해 충분히 이해했다면 흡열반응이 무엇인지도 쉽게 알 수 있습니다. 흡열반응은 발열반응의 반대 개념입니다. 흡열의 '흡(吸)'은 들이쉬다, 마시다, 빨아들이다 등의 뜻이 있습니다. 글자의 뜻만 보면 흡열반응은 열을 빨아들이는 반응이라고 할 수 있습니다.

실제로 흡열반응은 반응물질이 가진 에너지가 반응을 일으켜 새로 만들어진 생성물질의 에너지보다 적을 때 일어납니다. 반응물질의 에너지가 적

■ **흡열반응에 따른 에너지 변화**

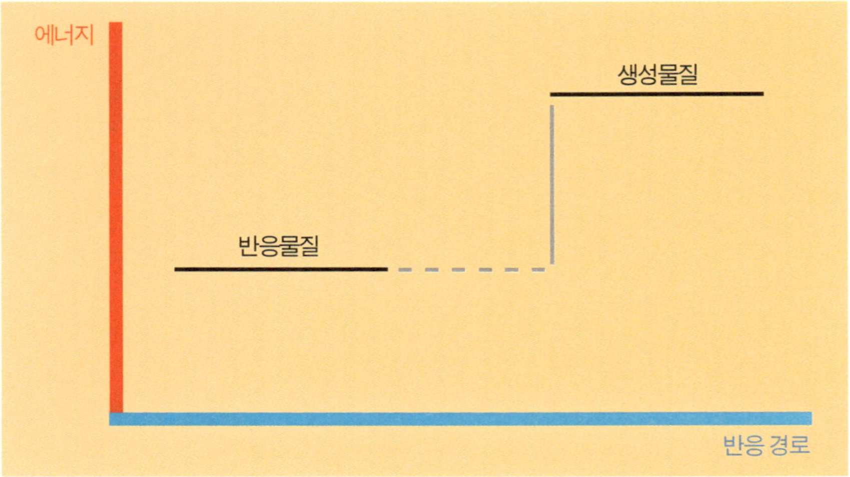

기 때문에 주변에 있는 열을 가져와서 부족한 에너지를 채웁니다. 주변의 열을 가져왔기 때문에 흡열반응이 일어나면 주변 온도는 낮아질 수밖에 없습니다.

좀 더 쉽게 설명해 볼까요? A라는 물질은 에너지를 40만큼 가지고 있고, B라는 물질은 에너지를 50만큼 가지고 있습니다. A와 B가 만나 반응하면서 C를 만들어 냈는데, C는 에너지를 100만큼 필요합니다. 하지만 A의 에너지 40과 B의 에너지 50을 더하면 90밖에 안 되지요. 그렇다면 C에게 필요한 에너지 중에서 부족한 나머지 10은 어떻게 해야 할까요? 주변에서 가져와야 합니다. 반응하고 있는 A, B 물질 주변의 열을 가져옵니다. 그래서 흡열반응이 일어나면 주변 온도는 내려갑니다.

화학반응은 흡열반응이 아니면 발열반응입니다. 어떤 화학반응이 일어났을 때 발열반응인지 흡열반응인지 알고 싶으면 주변의 온도 변화를 측정하면 됩니다. 주변의 온도가 따뜻해지면 발열반응이고, 반대로 차가워지면 흡열반응입니다. 기억해 두면 좋겠지요?

흡열반응을 이용한 얼음 팩

열이 심하게 난 적 있나요? 열이 심하게 나면 물수건으로 몸을 닦아 주거나 얇은 옷으로 갈아입어야 합니다. 물수건으로 몸을 닦아 주는 것은 열을 식히기 위해서예요. 몸에 묻은 물이 증발하면서 열을 가져가기 때문에 체온이 내려갑니다.

응급실에서는 물보다 더 증발이 잘되는 알코올로 몸을 닦아요. 역시 알코올이 증발하면서 몸에 있던 열을 가져가기 때문입니다. 얇은 옷으로 갈아입는 것도 체온을 내려가게 하기 위해서예요. 알코올로 몸을 닦으면 주변의 온도가 내려가기 때문에 이는 흡열반응에 속합니다.

흡열반응의 원리는 얼음 팩과 같이 낮은 온도의 물질을 만드는 데 이용됩니다. 얼음 팩은 발목, 손목 등이 삐거나 인대가 늘어났을 때 사용합니다. 온도를 차갑게 유지하면서 열이 나는 부위를 식혀 주지요. 얼음 팩은 액체와 고체 칸으로 구분되어 있어요. 팩을 구부려 액체와 고체가 서로 만나게 하면 반응이 일어납니다. 액체 부위는 물을 채워 넣고, 고체 부분은 질산암모늄과 염화암모늄을 사용해요. 질산암모늄과

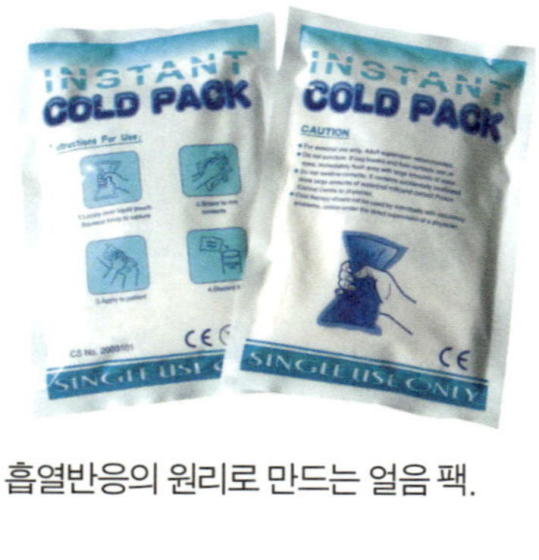

흡열반응의 원리로 만드는 얼음 팩.

염화암모늄은 물에 녹으면서 열을 흡수해 흡열반응을 일으킵니다. 반응이 일어나면 온도가 낮아지면서 차가운 얼음이 만들어집니다.

염화암모늄과 수산화바륨이 만나 반응해도 열을 흡수합니다. 이 두 물질을 비커에 넣으면 어떻게 될까요? 비커 표면에 서리가 생겨요. 염화암모늄과 수산화바륨이 만나 열을 흡수하면서 비커가 가지고 있던 열도 가져가기 때문입니다. 비커의 온도가 급격히 떨어지면서 공기 중에 있던 수증기가 달라붙어 얼게 됩니다.

질산암모늄

질산을 암모니아로 중화해 만드는 흰 바늘 모양의 무색 결정입니다. 비료나 폭약 등을 만드는 데 쓰입니다.

수산화바륨

물에 산화바륨을 넣어 얻는 흰색의 가루예요. 물에는 녹지만 알코올, 에테르 등에는 녹지 않습니다. 화학적으로 분석하거나 바륨 비누를 만드는 데 쓰여요.

염화암모늄과 수산화바륨을 넣고 섞은 비커를 나무판자 위에 물을 살짝 뿌린 다음 올려 보겠습니다. 어떻게 될까요? 나무판자에 비커가 척 달라붙습니다. 나무판자 위의 물이 비커에 의해 열을 빼앗기면서 얼기 때문에 비커 바닥과 나무판자가 붙습니다.

TIP 요건 몰랐지?

식물은 흡열반응을 해요

사람은 스스로 영양분을 만들지 못해서 음식을 섭취해 영양분을 얻습니다. 그렇다면 스스로 영양분을 얻는 생물에는 무엇이 있을까요? 네, 식물이 있습니다. 식물은 음식을 섭취하지 않고 광합성을 통해 에너지를 얻습니다. 광합성은 어떻게 일어날까요?

광합성이 일어나기 위해서는 식물의 엽록체와 빛, 이산화탄소와 물이 있어야 합니다. 식물의 잎에는 기공이 있어요. 기공을 통해 식물은 이산화탄소나 산소를 내보내거나 들여보낼 수 있습니다. 엽록체는 녹색 식물 잎의 세포에 들어 있는 세포소 기관으로 광합성이 이루어지는 장소예요. 엽록체에 빛이 닿으면 기공을 통해 이산화탄소를 가져오고 뿌

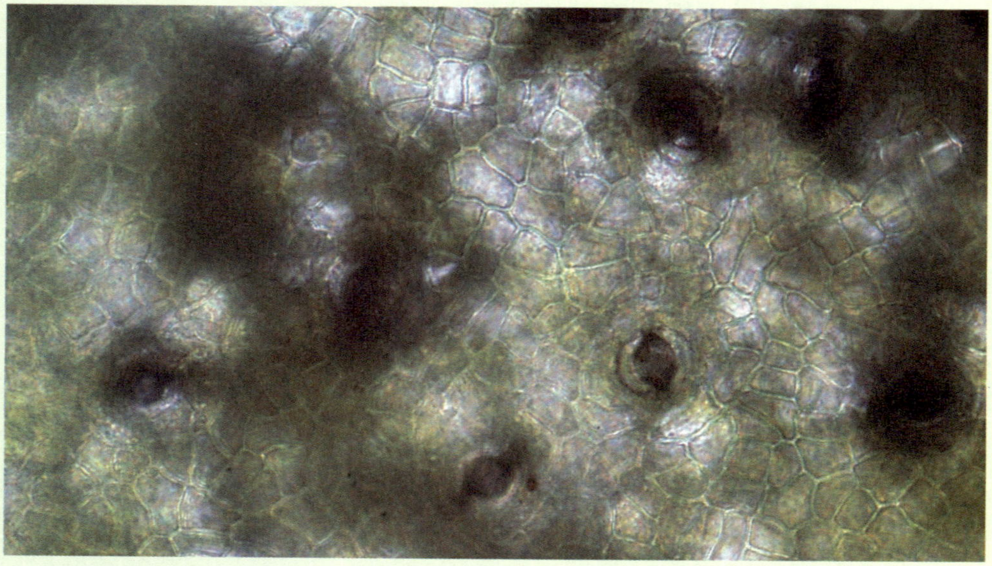

식물의 잎이나 줄기의 겉껍질에 있는 기공. 잎의 뒤쪽에 많으며 빛과 습도에 따라 여닫게 되어 있다.

리를 통해 물을 흡수해 옵니다. 그러면 포도당과 산소를 만들어 필요한 양분을 얻게 되지요. 이렇듯 엽록체에서 물과 이산화탄소가 빛에너지를 받아 포도당과 산소가 되는 과정을 광합성이라고 합니다. 빛에너지를 흡수하면서 반응이 일어나기 때문에 광합성은 흡열반응에 속합니다.

■ **광합성 과정**

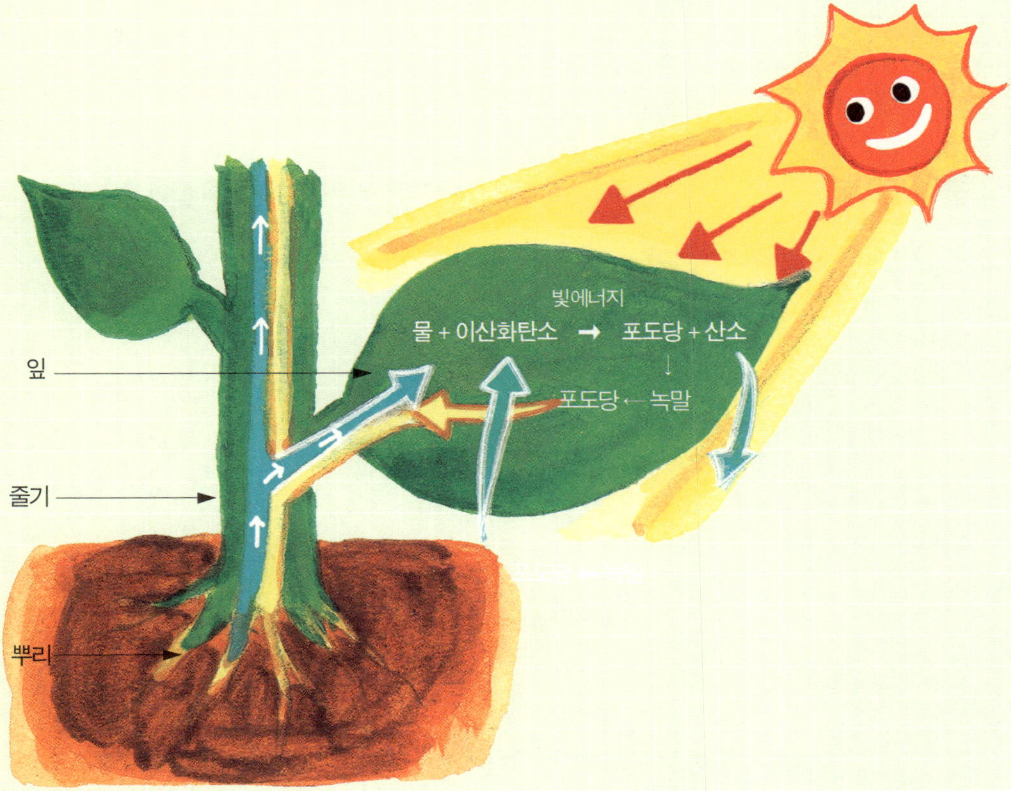

Q&A 꼭 알고 넘어가자!

문제 1 에스키모는 얼음집을 짓고 사는데, 날씨가 추워지면 얼음집에 물을 뿌립니다. 그 이유를 설명해 보세요.

문제 2 한겨울에 이용하는 손난로는 어떤 원리로 따뜻해질까요? 가루로 된 손난로를 예로 들어 설명해 보세요.

3. 광합성이 일어나기 위해서는 식물의 엽록체와 빛, 이산화탄소, 물이 있어야 합니다. 엽록체에 빛이 닿으면 기공을 통해 이산화탄소를 가져오고 뿌리를 통해 물을 흡수합니다. 그러면 포도당과 산소를 만들어 필요한 양분을 얻게 되지요. 이렇듯 엽록체에서 물과 이산화탄소가 빛에너지를 받아 포도당과 산소가 되는 과정을 광합성이라고 합니다. 빛에너지를 흡수하면서 반응이 일어나기 때문에 광합성은 흡열반응에 속합니다.

문제 3 광합성은 흡열반응에 속해요. 광합성이 왜 흡열반응인지 그 원리를 설명해 보세요.

정답

1. 영하의 날씨 때문에 얼음집에 뿌려진 물은 얼마 지나지 않아 단단히 얼니다. 물은 자신이 가지고 있던 열을 밖으로 방출하면서 얼음이 돼요. 이때 물이 내보내는 열 때문에 주변은 따뜻해집니다. 따라서 얼음집 안의 온도는 바깥 온도보다 조금 더 높아집니다.

2. 가루로 된 손난로는 쇳가루와 소금, 활성탄 등을 사용합니다. 손난로를 흔들면 서서히 열이 나기 시작해 매우 따뜻해져요. 그 이유는 손난로 속에 들어 있는 철가루가 공기 중의 산소와 반응해 산화하면서 열을 내기 때문입니다. 발열반응에 의해 열이 발생합니다.

관련 교과

초등 5학년 2학기 5. 용액의 반응

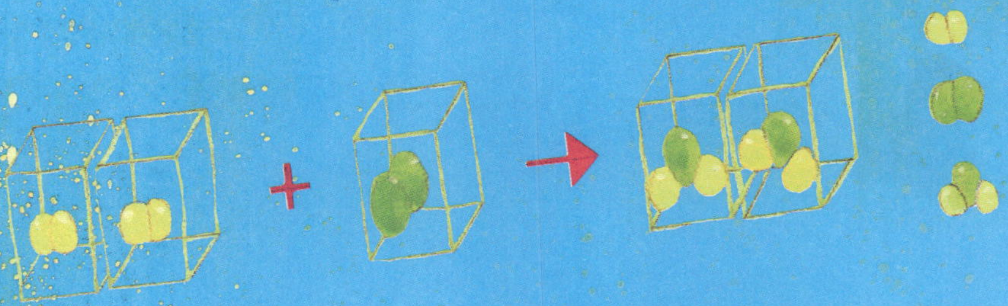

4. 촉매

물질들은 너무 빠르거나 너무 느리게 반응하는 경우가 있습니다. 눈으로 관찰하기 어려울 때도 많아요. 그래서 촉매 반응을 이용합니다. 이번 장에서는 촉매란 무엇인지, 촉매의 작용 원리와 촉매의 종류에 대해 알아보겠습니다.

촉매란 무엇일까요?

앞에서 물질들의 반응을 알아보았습니다. 어떤 물질은 스스로 변하기도 하고, 어떤 물질은 다른 물질에 붙어서 새로운 물질이 되기도 했어요. 또 어떤 물질은 여러 개의 다른 물질들로 분해되기도 했습니다. 이런 물질들의 반응을 관찰할 때 반응이 너무 느리게 일어나거나 반대로 너무 빠르게 일어나는 경우가 종종 있습니다. 그래서 반응물질에는 영향을 주지 않으면서 느린 반응을 빠르게 혹은 빠른 반응을 느리게 일어나도록 해서 반응을 관찰하는 방법을 생각해 냈어요. 바로 '촉매'를 사용하는 방법입니다.

촉매는 '자기 자신은 변하지 않으면서 반응속도를 변하게 하는 물질'이에요. 물질이 아주 천천히 반응하는 경우 촉매를 넣어 반응속도를 빠르게 할 수 있습니다. 또 반응이 너무 빠르게 일어나는 경우에도 촉매를 사용하면 반응을 느리게 할 수 있어요. 반응속도를 빠르게 하는 촉매를 '정촉매'라고 하고, 반응속도를 느리게 하는 촉매를 '부촉매'라고 합니다. 그렇다면 촉매는 반응속도에 어떤 영향을 줄까요? '활성화 에너지'를 이용합니다.

활성화 에너지는 반응을 일으키는 데 필요한 최소한의 에너지를 말합니다. 물질을 이루고 있는 분자들이 반응에 참여하기 위해서는 활성화 에너지보다 큰 에너지를 가져야 해요. 활성화 에너지의 값이 크면 그것보다 큰 에너지를 갖는 분자의 수가 적어서 반응이 느리게 일어나고, 활성화 에너지의 값이 작으면 그것보다 큰 에너지를 갖는 분자의 수가 많아서 반응이 빨리 일어납니다.

활성화 에너지를 언덕이라고 생각해 보세요. 여러분은 언덕을 넘어가야만 선생님을 만날 수 있습니다. 언덕이 낮으면 반 친구들은 모두 언덕을 넘을 수 있고, 선생님과 만나 재미있게 놀 수 있어요. 하지만 언덕이 높으면 어떻게 될까요? 반 친구들은 언덕을 쉽게 넘을 수 있을까요? 아마 몇 명은 넘지 못할 거예요. 그렇게 되면 선생님을 만나는 학생의 수는 줄어들게 됩니다. 언덕이 더 높아지면 어떻게 될까요? 언덕을 넘어가는 학생의 수는 더욱 줄어듭니다. 체력이 좋은 몇 명의 학생만이 언덕을 넘을 수 있을 거예요.

여기서 언덕은 활성화 에너지입니다. 선생님과 만나는 것은 곧 '반응'을 뜻합니다. 학생 한 명은 '분자'이고요. 학생들이 언덕을 넘을 수 있을 만큼의 에너지를 가져야만 반응할 수 있어요. 많은 학생들이 언덕을 넘는 것은

■ 활성화 에너지와 반응속도와의 관계

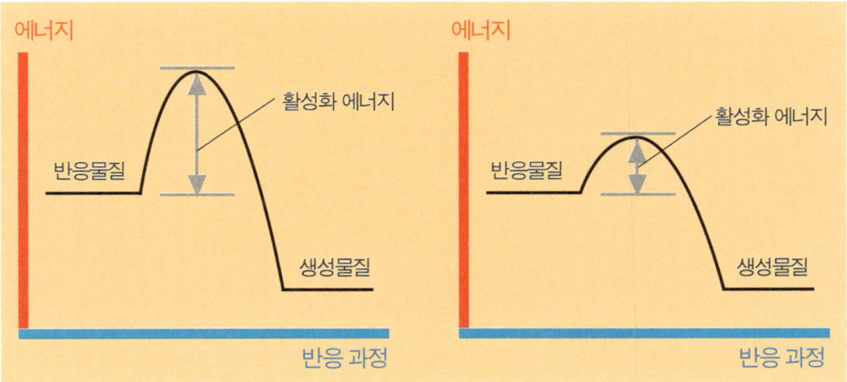

활성화 에너지가 크면 반응속도가 느리고 활성화 에너지가 작으면 반응속도가 빠르다.

■ 촉매와 활성화 에너지

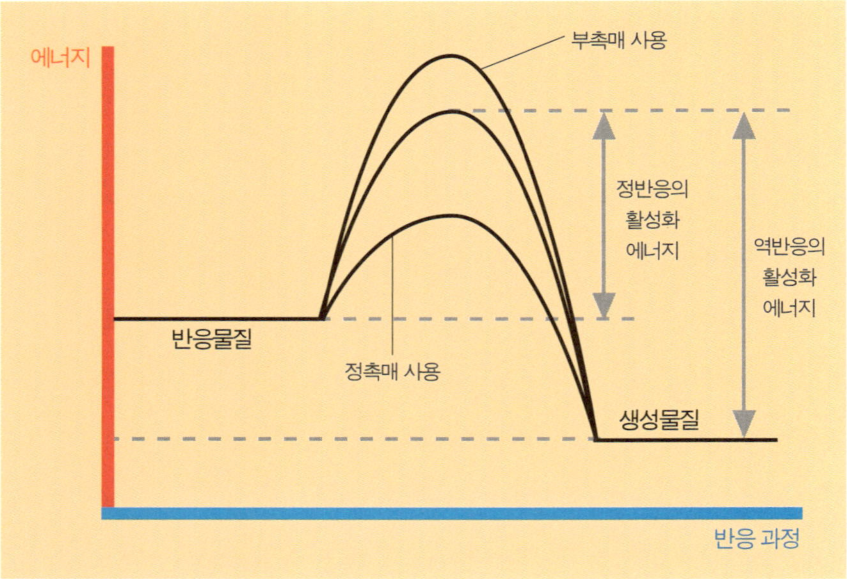

정촉매는 활성화 에너지를 낮추어 반응속도를 빠르게 한다. 부촉매는 활성화 에너지를 높여서 반응속도를 느리게 한다.

그만큼 많은 학생들이 선생님을 만난다는 말이므로, 활성화 에너지보다 큰 에너지를 가진 분자들이 활성화 에너지를 넘어 반응이 일어난다는 뜻입니다. 활성화 에너지가 높거나 낮으면 반응하는 분자의 수가 달라지면서 반응속도가 달라져요. 활성화 에너지의 크기에 따라 반응속도가 결정됩니다.

물질이 활성화 에너지보다 낮은 에너지를 가지고 있으면 반응이 일어나지 않거나 아주 천천히 일어나요. 이때 정촉매를 넣으면 활성화 에너지를 낮추어서 반응이 일어나도록 도와줍니다. 반대로 활성화 에너지보다 가지고 있는 에너지가 커서 반응이 너무 잘 일어날 때에는 부촉매를 넣어서 활성화 에너지를 높여 반응이 천천히 일어나도록 도와주어요.

위의 그림처럼 활성화 에너지를 언덕이라고 생각해 보세요. 반응이 일어나기 위해 넘어야 할 언덕을 깎아서 낮추는 역할을 하는 것은 정촉매, 언덕에 흙을 쌓아 더 높이는 것을 부촉매라고 할 수 있습니다. 언덕을 깎아 주면 넘어가기 쉬워지고 넘어갈 수 있는 분자의 수도 많아지겠지요. 따라서 반응속도도 빨라집니다. 반대로 언덕이 높아지면 넘어가기 어려워지고 넘어갈 수 있는 분자의 수도 적어집니다. 따라서 반응속도는 느려지겠지요. 반응을 빠르게 또는 느리게 일어나도록 도와주는 촉매는 특이하게도 자신은 전혀 변하지 않습니다. 이 점이 촉매의 특징이에요.

촉매에는 무엇이 있나요?

과산화수소가 상처에 바르는 소독약으로 쓰인다는 사실은 앞에서 배웠어요. 그런데 과산화수소를 오랜 시간 놔두면 물과 산소로 변한다는 사실을 알고 있나요? 이 반응은 굉장히 천천히 일어납니다. 그래서 과산화수소를 병에 넣어 오래 보관해도 소독약으로 사용할 수 있어요. 하지만 너무 오랜 시간이 지나면 과산화수소는 천천히 물과 산소로 변합니다. 다 변하고 나면 더 이상 소독약으로 사용할 수 없게 되지요. 이렇게 천천히 변하는 과산화수소를 상처 부위에 바르면 곧장 물과 산소로 변합니다. 이 반응은 왜 이렇게 빨리 일어날까요?

그것은 혈액 속에 있는 '카탈라아제'라는 성분 때문입니다. 카탈라아제는 과산화수소를 물과 산소로 분해하는 효소예요. 간이나 적혈구, 신장 등에 많이 들어 있습니다. 이러한 성질을 가지고 있는 카탈라아제는 과산화수소가 물과 산소로 변할 때 넘어야 할 활성화 에너지를 낮춰 주어요. 그래서 과산화수소가 상처 부위에 있는 혈액을 만나면 바로 반응합니다. 카탈라아제는 촉매 역할을 합니다. 반응이 빨리 일어나도록 도와주었다고 해서 카탈라아제의 양이 줄어들거나 분자의 배열이 변하지는 않습니다. 반응이 일어나도록 도와줄 뿐 자신은 전혀 변하지 않지요.

여러분은 터보 라이터라는 것을 들어 봤나요? 터보 라이터는 일반 라이터에 비해 불의 세기가 세고, 바람에 쉽게 꺼지지 않습니다. 그 이유는 백금 때문이에요. 터보 라이터의 불꽃이 나오는 부분을 자세히 보면 코일이 있습니다. 이 코일이 바로 백금으로 만들어졌어요. 터보 라이터에서 백금은 가스와 산소의 결합을 도와주는 촉매 역할을 합니다. 백금 코일이 일반 라이터보다 더 잘 연소되는 비밀입니다.

백금

백금은 가치가 아주 높은 금속입니다. 녹슬지 않고, 닳지 않기 때문이에요. 산화·환원의 촉매제로 쓰거나 장식품, 화학기계 등에 쓰입니다.

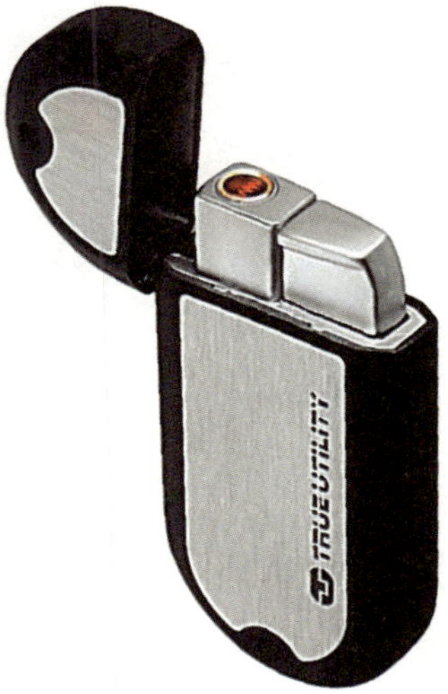

터보 라이터 안에 있는 백금이 촉매 작용을 해 불의 세기가 세다.

이러한 원리는 자동차에도 적용됩니다. 자동차는 휘발유나 경유 등을 연소시켜 에너지를 얻어요. 이 과정에서 완전히 타지 못해 생기는 오염 물질인 배기가스가 발생합니다. 이 문제 때문에 자동차에는 촉매 장치를 달게 되어 있어요. 촉매 장치 역시 백금으로 만들어집니다. 백금은 자동차에서 나오는 해로운 오염 물질을 해롭지 않은 화합물로 바꾸어 배기가스를 조절하는 촉매 역할을 합니다.

손난로에도 백금을 사용합니다. 손난로는 보통 라이터 오일을 연료로 사용하는데, 연료를 직접 태우지 않고 오일을 기체로 변화시켜 백금에 의해 서서히 산화하고 발열합니다. 여기에서도 백금은 연소를 잘 도와주는 촉매 역할을 해요.

음식을 만들 때에도 촉매의 작용을 볼 수 있습니다. 여러분은 딸기 잼 만드는 것을 본 적 있나요? 딸기 잼을 만들 때 설탕과 함께 레몬즙을 넣습니

다. 레몬즙에는 설탕이 포도당으로 변하도록 도와주는 효소가 들어 있기 때문이에요. 설탕이 포도당으로 변하면 딱딱하게 굳지 않고 투명한 상태를 유지할 수 있습니다. 레몬즙이 촉매 역할을 해 잼을 더욱 부드럽게 만듭니다.

빛도 촉매가 될 수 있습니다. 빛에너지를 받아 화학반응을 촉진시키는 물질을 '광촉매' 라고 해요. 광합성이 일어날 때에는 반드시 빛이 필요합니다. 엽록체 안에 들어 있는 엽록소는 빛을 받아 촉매 역할을 해요. 엽록소는 광합성을 잘 일어나게 하고, 산소를 발생시켜 숲을 정화시키는 일을 합니다. 이러한 원리의 광촉매는 반도체를 만들 때에도 사용됩니다.

반도체는 전기전도율이 도체와 절연체의 중간 정도인 물질을 말합니다. 낮은 온도에서는 거의 전기가 통하지 않지만 높은 온도에서는 전기가 잘 통해요. 반도체를 만드는 과정에서 불순물이 섞이면 불량품이 나옵니다. 이때 광촉매를 사용하면 활성산소를 만들고, 복잡한 몇 가지의 과정을 거치면서 순수한 반도체가 나옵니다.

반도체를 만들 때 광촉매를 사용하면 불순물이 없는 순수한 반도체가 나온다.

온도가 낮을 때 활용하는 '저온 촉매' 도 있습니다. 원래 촉매가 제 역할을 하기 위해서는 적절한 온도가 필요해요. 우리가 흔히 따뜻하다고 느끼는 온도랍니다. 그래서 낮은 온도에서 반응시켜야 하는 실험의 경우에는 일반적인 촉매를 사용할 수 없어요. 하지만 저온 촉매는 아주 낮은 온도에서도 작용할 수 있는 촉매입니다. 온도가 높으면 촉매의 효과가 떨어지는 단점을 보완한 새로운 촉매이지요.

TIP 요건 몰랐지?

빠른 소화를 돕는 촉매

우리 몸에서는 여러 가지 화학반응이 일어납니다. 특히 소화 과정에서 많이 일어나요. 우리는 음식물을 섭취하고 소화 과정이 일어나야 에너지를 얻을 수 있습니다. 그래서 빠른 소화를 위해 촉매의 도움이 필요해요. 빠른 소화를 돕는 촉매는 단백질로 만들어진 효소입니다.

우리의 침 속에는 '프티알린'이라는 효소가 있어요. 이 효소는 녹말을 '말토오스(엿당)'라는 물질로 분해할 수 있도록 도와줍니다. 또 위 속에는 '펩신'이라는 효소가 있는데, 펩신은 큰 덩어리인 단백질을 여러 개의 작은 조각으로 나누는 일을 돕는 촉매예요. 이런 효소들은 탄수화물, 단백질, 지방 등의 영양분의 소화를 위해 활성화 에너지를 낮추는 역할을 합니다. 만약 이런 효소가 없다면 소화시키는 데 너무 오랜 시간이 걸려 우리는 에너지를 얻지 못해 굶어 죽을지도 모릅니다.

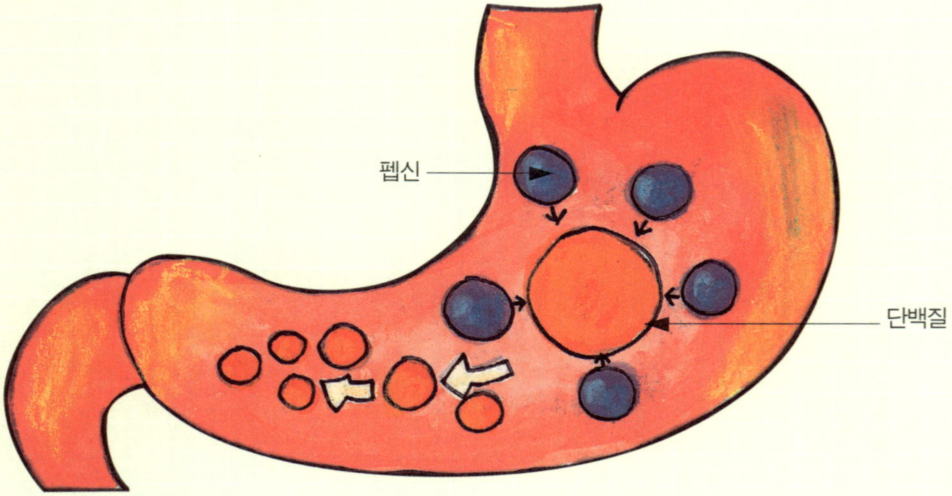

펩신은 큰 덩어리인 단백질을 여러 개의 작은 조각으로 나누어 주는 촉매이다.

TIP 요건 몰랐지?

막대 사탕 태우기

막대 사탕을 좋아하나요? 막대 사탕으로 촉매 실험을 할 수 있습니다. 먼저 신문지를 넓게 편 다음 막대 사탕을 촛불에 태워 보세요. 막대 사탕이 천천히 녹기 시작합니다. 그리고 불이 붙으면서 연소가 일어나요. 그렇다면 막대 사탕을 좀 더 빨리 태우는 방법은 없을까요?

네, 있습니다. 바로 촉매를 사용하는 방법입니다. 담뱃재를 막대 사탕에 묻힌 다음 촛불에 막대 사탕을 태워 보겠습니다. 막대 사탕은 녹는 과정 없이 바로 불이 붙으면서 연소가 일어나요. 왜 이런 일이 일어날까요? 담뱃재에는 탄소와 리튬 등이 들어 있는데, 이러한 성분이 막대 사탕을 잘 탈 수 있도록 도와주었기 때문이에요. 담뱃재는 아주 적은 양이라도 자신은 변하지 않고 막대 사탕이 연소하기 쉽도록 촉매 역할을 합니다.

담뱃재를 묻힌 막대 사탕은 담뱃재를 묻히지 않은 막대 사탕보다 빠르게 잘 탄다.

Q&A 꼭 알고 넘어가자!

문제 1 촉매란 무엇인가요?

문제 2 터보 라이터가 일반 라이터보다 불의 세기가 세고 쉽게 꺼지지 않는 이유는 무엇인가요?

3. 활성화 에너지는 반응을 일으키는 데 필요한 최소한의 에너지를 말합니다. 물질들을 이루고 있는 분자들이 반응에 참여하기 위해서는 활성화 에너지보다 큰 에너지를 가져야 해요. 활성화 에너지의 값이 크면 그것보다 큰 에너지를 갖는 분자의 수가 적어서 반응이 느리게 일어나고, 활성화 에너지의 값이 작으면 그것보다 큰 에너지를 갖는 분자의 수가 많아서 반응이 빨리 일어납니다.

문제 3 활성화 에너지란 무엇인가요? 반응속도와는 어떤 관계가 있는지도 함께 설명해 보세요.

정답

1. 촉매는 '자기 자신은 변하지 않으면서 반응속도를 변하게 해 주는 물질'입니다. 물질이 아주 천천히 반응하는 경우 촉매를 넣어 반응속도를 빠르게 할 수 있습니다. 또 반응이 너무 빠르게 일어나는 경우에도 촉매를 사용하면 반응을 느리게 할 수 있어요. 반응속도를 빠르게 하는 촉매를 '정촉매'라고 하고, 반응속도를 느리게 하는 촉매를 '부촉매'라고 합니다.

2. 백금 때문이에요. 터보 라이터의 불꽃이 나오는 부분을 자세히 보면 코일이 있습니다. 이 코일이 바로 백금으로 만들어졌어요. 터보 라이터에서 백금은 가스와 산소의 결합을 도와주는 촉매 역할을 합니다. 그래서 일반 라이터보다 더 잘 연소되지요.

관련 교과

초등 5학년 2학기 5. 용액의 반응

중학교 3학년 5. 물질 변화에서의 규칙성

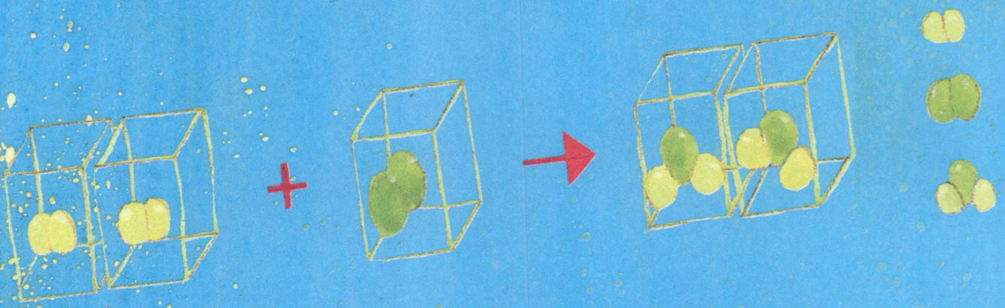

5. 반응속도

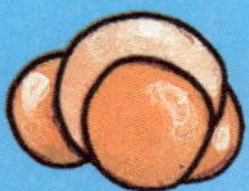

일반적으로 속도란, 물체가 나아가거나 일이 진행되는 빠르기를 말합니다. 물질들이 반응하는 데에도 속도가 있어요. 이것을 반응속도라고 합니다. 이번 장에서는 반응속도란 무엇이고, 어떻게 측정하는지, 반응속도를 변화시키는 방법에는 무엇이 있는지 자세히 알아보겠습니다.

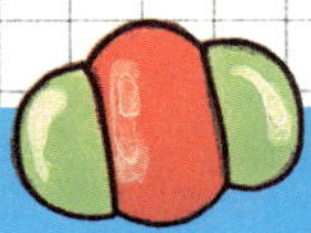

빠른 반응과 느린 반응

촛불의 연소는 빠른 반응이다.

물질들이 반응할 때, 어떤 물질이 얼마나 빠르게 반응하는지를 나타내는 것이 반응속도입니다. 같은 시간 동안 얼마만큼의 반응이 일어났는가로 반응속도를 말할 수 있어요. 그렇다면 반응속도가 빠른 반응에는 무엇이 있을까요?

혹시 연소를 떠올리지는 않았나요? 연소란 물질이 산소와 빠르게 반응하면서 열과 빛을 내는 반응을 말합니다. 성냥불에 불을 붙이는 것, 양초에 불을 붙이는 것 모두 연소예요. 짧은 시간 동안 일어나는 반응이므로 빠른 반응속도에 속합니다. 또 상처 부위에 과산화수소를 바르면 곧바로 거품이 생기면서 반응이 일어나는데, 이 반응 역시 속도가 빠른 반응에 속해요.

물론 빠르다의 기준은 사람마다 다를 수 있습니다. 어떤 사람은 연소가 빠르다고 생각하지만 또 어떤 사람은 느리다고 생각할 수 있어요. 그래서 반응속도의 빠르기에도 기준이 있습니다. 사람이 영향을 주느냐 주지 않느냐입니다. 사람이 반응에 조금이라도 영향을 준다면 대부분 반응속도가 빠르다고 할 수 있습니다. 성냥이나 양초에 불을 붙이는 것, 상처 부위에 과산화수소를 묻히는 것 모두 사람이 하는 일이잖아요. 그렇다면 반대로 반응속도가 느린 반응에는 무엇이 있을까요?

철이 녹스는 이유는 공기 중의 산소와 반응하기 때문입니다. 그런데 녹스는 과정을 지켜볼 수 있을까요? 너무 천천히 일어나기 때문에 그 과정을 지켜볼 수 없어요. 또 사과를 깎아 놓으면 산소와 반응하여 갈색으로 변하는데, 이 반응 역시 속도가 느립니다. 과일이 익어 가는 것도, 은행잎이 여름내 초록빛이다가 가을이 되면 노랗게 변하는 것도 한 계절 동안 느리게 일어나는 반응이에요. 이렇듯 느린 반응은 사람이 영향을 주지 않고 자연적으로 진행되는 경우가 대부분입니다. 음식물을 가만히 놔두면 상하는데, 이 반응 역시 자연적으로 일어나는 느린 반응에 속합니다.

TIP 요건 몰랐지?

다이너마이트의 발명

노벨상 메달에 새겨진 노벨의 얼굴.

연소는 빠른 반응속도에 속한다고 했습니다. 불꽃놀이도, 폭탄이 터지는 것도 당연히 반응속도가 빠르겠지요. 그런데 폭탄은 누가 만들었을까요?

'노벨'이라는 과학자가 만들었습니다. 노벨은 스웨덴의 유명한 화학자예요. 아버지로부터 공학의 기초를 배웠고, 아버지를 닮아 발명에 재주가 있었습니다. 노벨은 폭발성 액체인 '니트로글리세린'을 만들었습니다. 하지만 이 과정에서 공장이 폭발해 막내 동생을 비롯해 다섯 명이 목숨을 잃었습니다. 그 후 노벨은 '미치광이 과학자'로 낙인찍혔고, 스웨덴 정부는 공장을 다시 짓는 것조차 허락하지 않았어요. 노벨은 니트로글리세린을 보다 안전하게 사용할 수 있는 방법을 찾기 위해 다시 실험을 시작했습니다. 그리고 니트로글리세린을 '규조토'라는 흙에 완전히 스며들게 하여 건조하면 안전하게 사용할 수 있다는 사실을 발견했어요. 마침내 완벽한 다이너마이트를 만들었습니다. 노벨은 실험을 거듭한 끝에 더 강력한 다이너마이트를 만들었고, '발리스타이트'라는 화약을 만들기도 했어요.

전 세계에서 지불하는 화약류에 대한 사용료 등으로 노벨은 큰돈을 벌었습니다. 평화주의자였던 노벨은 자신이 발명한 무기로 전쟁을 끝낼 수 있을 것이라 생각했지만 그렇지 않았어요. 노벨은 자선 사업에 돈을 아끼지 않았고, 재산의 많은 부분을 기금으로 남겼습니다. 이렇게 해서 오늘날 세계적으로 가장 권위 있는 노벨상이 만들어졌어요.

반응속도 측정 방법

풍선 안에 불어 넣은 공기에도 질량이 있다.

반응속도는 어떻게 측정할까요? 특히 반응하는 물질이 기체라면 어떻게 반응속도를 측정할 수 있을까요? 고체, 액체와 달리 기체는 눈에 보이지도 않는데 말이에요. 기체의 반응속도는 질량을 이용해 측정할 수 있습니다.

기체에 질량이 있을까요, 없을까요? 없어 보이지만 질량이 있습니다. 실험을 해 보면 쉽게 알 수 있어요. 똑같은 풍선 두 개와 양팔 저울을 준비합니다. 풍선 한 개는 크게 불어서 저울에 매달고, 다른 한 개의 풍선은 불지 않고 반대편의 저울에 매달아 보세요. 바람을 크게 불어 넣은 풍선 쪽으로 저울이 기우는 모습을 볼 수 있습니다. 이 사실을 통해 기체에도 질량이 있다는 사실을 확인할 수 있습니다. 그러면 기체의 질량 변화로 어떻게 반응속도를 측정하는지 실험해 보겠습니다.

먼저 플라스크에 물을 많이 탄 과산화수소를 넣고, 마개에 고무관을 꽂아 집기병에 연결합니다. 그런 다음 플라스크에 이산화망가니즈를 넣어

과산화수소가 물과 산소로 분해될 때 촉매 역할을 하는 이산화망가니즈.

요. 과산화수소에 이산화망가니즈를 넣으면 과산화수소는 물과 산소로 분해됩니다. 여기서 이산화망가니즈는 촉매로서, 반응속도를 빠르게 해 주는 역할을 해요. 반응이 시작되면서 산소가 집기병에 모입니다. 반응이 시작된 순간부터 끝날 때까지의 시간을 재고, 반응이 끝나면 집기병의 질량을 측정해요. 집기병의 질량은 늘어나 있습니다. 늘어난 질량을 반응한 시간으로 나누면 1초에 얼마나 산소가 생겼는지 알 수 있고, 이 수치로 반응속도를 측정할 수 있어요.

이번에는 물을 적게 탄 과산화수소에 이산화망가니즈를 넣고 산소를 발생시키는 실험을 해 보겠습니다. 과산화수소에 물을 적게 탔다는 것을 제외하고는 앞의 실험과 똑같아요. 산소가 발생하는 시간과 집기병의 질량의 변화를 재어 반응속도를 측정합니다. 두 실험의 반응속도를 비교했을 때, 어느 쪽의 반응속도가 더 빠를까요? 물을 적게 탄 과산화수소의 반응속도가 더 빠릅니다. 그 이유는 뒤에서 자세히 설명할게요. 실험을 통해 알 수 있듯이 기체의 질량 변화로 반응속도를 확인할 수 있습니다.

이번에는 기체가 아닌 반응물질의 반응속도를 측정해 보겠습니다. 바로 '앙금'이라는 물질이에요. 앙금은 각각 다른 액체를 반응시켰을 때 새로 만들어지는 고체를 말합니다. 보통 만들어지는 고체는 물에 잘 녹기 때문에 보이지 않아요. 하지만 앙금은 물에 녹지 않기 때문에 뿌옇게 흐려지거나 노란색을 띠어 눈에 보입니다.

석회수도 하나의 기체를 눈에 보이게 해 줍니다. 그 기체는 바로 이산화탄소입니다. 우리가 산소를 들이마신 후 내쉴 때 이산화탄소가 나옵니다. 하지만 이산화탄소는 기체이기 때문에 눈에 보이지 않아요. 그렇다면 숨을 내쉴 때 나오는 기체가 이산화탄소라는 사실은 어떻게 확인할 수 있을까요? 이때 석회수를 사용하면 됩니다. 석회수는 수산화칼슘을 물에 녹인 액체로 맑고 투명해요. 하지만 석회수에 이산화탄소를 넣으면 뿌옇게 흐려집니다. 물에 녹지 않는 탄산칼슘이라는 물질이 생기기 때문이에요. 탄산칼슘은 우리 눈에 흰색 앙금으로 보입니다.

석회수에 이산화탄소를 넣으면 앙금이 생긴다.

■ **석회수와 이산화탄소의 반응**

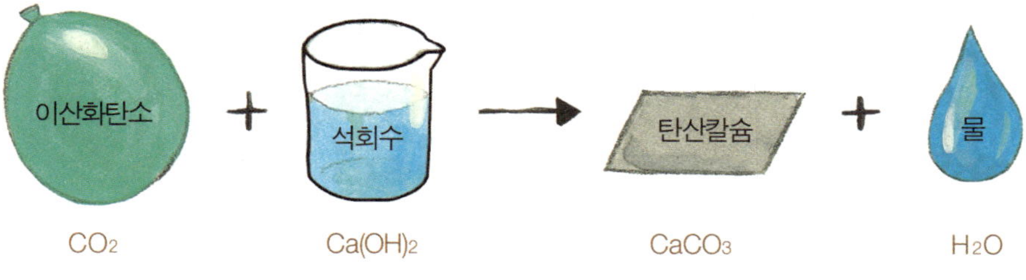

물속에서 흰 앙금을 만드는 물질에는 질산은이라는 화합물도 있습니다. 은은 공기 중의 산소와 잘 반응하기 때문에 오래 보관하기 위해 도금을 하

는데, 이때 질산은이 쓰입니다. 또 질산은은 도자기에 색을 입힐 때와 의약품으로 소독하거나 세균을 죽이는 데에도 사용됩니다. 질산은은 물에 녹이면 투명한 액체가 됩니다. 그런데 여기에 소금을 넣으면 재미있는 현상이 나타납니다. 질산은과 염화나트륨(소금)을 섞으면 은이온과 염화이온만 실제로 반응합니다. 나머지 이온은 반응에 참여하지 않는 이온이지요. 은이온과 염화이온이 만나면 염화은이라는 물질을 만들어 내요. 이 염화은은 우리의 눈에 흰색 앙금으로 보입니다. 그렇다면 앙금이 생기는 반응속도는 어떻게 측정할 수 있을까요?

앙금이 보이기 시작하는 순간을 잡아내기란 매우 어렵습니다. 용액 속에 퍼져 있는 앙금의 양을 측정하기도 어렵지요. 어떻게 해야 앙금의 반응속도를 측정할 수 있을까요? 반응속도는 어떤 물질이 얼마나 빠르게 반응하는지를 나타냅니다. 따라서 앙금이 생기는 비커나 시험관 밑에 ○표, 혹은 ×표와 같은 표시를 한 종이를 깐 다음, 이 표시가 앙금에 가려 완전히 보이지 않게 될 때까지의 시간을 잽니다. 이 방법으로 앙금이 생기는 반응속도를 측정할 수 있어요. 표시가 더 빨리 보이지 않게 될수록 반응속도가 빠르다고 할 수 있습니다.

반응속도를 빠르게 하기 위한 방법

촉매 외에 반응속도를 빠르게 하는 방법은 없을까요? 물론 있습니다. 다만 기체의 반응속도를 높이는 방법과 고체의 반응속도를 높이는 방법에는 차이가 있습니다.

기체의 반응속도를 높이는 법

어떤 물질을 연소시킬 때 공기 중에서 연소시키는 것보다 산소를 모아 놓은 집기병 안에서 연소시키는 것이 더 효과가 높습니다. 왜일까요? 그 이유는 농도와 관련이 있어요. 보통 공기 중에는 약 20%의 산소가 있습니다. 산소만 모아 놓은 집기병에는 공기 중보다 많은 산소가 있지요. 연소는 산소와 결합해 일어나는 현상이므로 산소가 많은 집기병에서 더 활발히 일어날 수밖에 없습니다. 한 가지 예를 들어 볼까요?

지하철이나 버스에 사람이 많이 탔을 때와 적게 탔을 때, 어느 쪽이 사람들과 더 많이 부딪칠까요? 당연히 사람이 많이 탔을 때입니다. 반응이 빨리 잘 일어나려면 그만큼 반응 물질끼리 많이 부딪쳐야 해요. 충돌 횟수가 많아야 한다는 뜻입니다. 산소만 모아 놓은 집기병 안은 좁은 공간에서 움직이는 산소가 많기 때문에 물질끼리 부딪치는 확률이 높아집니다. 산소가 많다는 것은 산소의 농도가 높다는 뜻입니다. 산소의 농도가 높은 곳

사람들이 많이 탄 전철에서는 사람들이 적게 탄 전철에서보다 서로 많이 부딪친다.

에서 연소가 더 활발히 일어나는 것은 당연하겠지요.

교실의 예를 들어 볼게요. 여러분이 공부하는 교실에는 보통 35명의 학생이 앉아 있습니다. 만약 그 교실에 100명의 학생이 들어간다면 어떨까요? 교실이 좁아 학생끼리 부딪치는 일이 많아지겠지요. 그렇다면 만약 100명의 학생이 운동장으로 몰려간다면 어떻게 될까요? 운동장은 교실보다 훨씬 넓기 때문에 학생끼리 부딪치는 횟수가 적어집니다.

주사기를 떠올려 보면 더욱 잘 이해할 수 있습니다. 주사기 안에 분자들을 넣었다고 생각해 보세요. 피스톤을 주사기 안쪽으로 밀어 넣지 않았을 때는 안쪽의 공간이 넓어 분자들이 충돌하는 횟수가 그만큼 적겠지요. 하지만 피스톤을 주사기 안쪽으로 밀어 넣으면 안쪽 공간이 좁아져서 분자들의 충돌하는 횟수가 늘어날 수밖에 없습니다. 물질도 마찬가지입니다. 물질이 반응할 때 물질이 있는 공간에 압력을 가해 좁혀 주면 충돌 횟수가

주사기 안의
공기가 좁아지면
분자 충돌 횟수가
증가해 반응속도가
빨라져!

증가하면서 반응속도도 빨라집니다.

일산화탄소의 예를 들어 살펴볼까요? 물질이 불에 탈 때 완전히 타지 않으면 일산화탄소가 나옵니다. 냄새가 없고 눈에 보이지 않지만 일산화탄소에는 독성이 있어서 너무 많이 들이마시게 될 경우 목숨이 위험해집니다. 일산화탄소가 우리 몸의 헤모글로빈과 매우 잘 결합하기 때문입니다. 헤모글로빈은 적혈구 안에 든 화합물로 산소와 잘 결합하는 특성이 있지만 일산화탄소를 만나면 상황이 달라집니다. 헤모글로빈은 산소보다 일산화탄소와 결합하는 힘이 200배 이상 뛰어납니다. 일산화탄소의 농도가 높아지면 산소보다는 일산화탄소와 결합하려고 하겠지요. 그래서 일산화탄소에 중독되어 치료를 받게 되면 고압 산소실이나 고압 산소 탱크 속에 환자를 들여보냅니다. 고압 산소실이나 고압 산소 탱크는 산소를 큰 압력으로 압축한 장치입니다. 산소의 농도와 압력이 모두 높으면

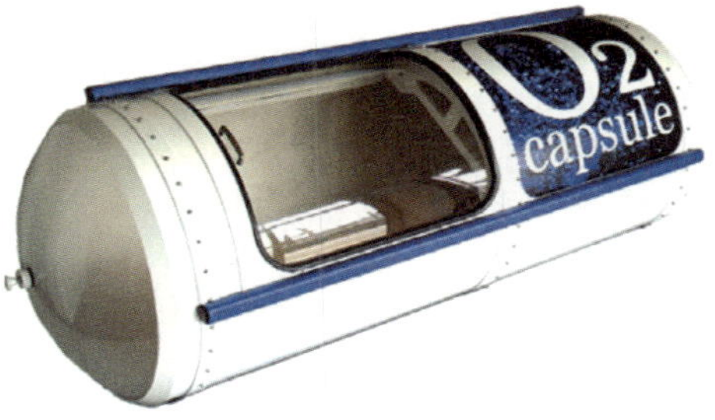
O2
capsule
3~5기압의 산소가 들어 있는 의료용 탱크.

손풀무는 대장간에서 납땜을 하거나 쇠를 달굴 때 사용한다.

헤모글로빈이 산소와 부딪치는 확률이 높아져 산소와 결합하는 가능성이 더욱 높아지고, 산소의 반응속도도 빨라집니다. 그 결과 헤모글로빈과 떨어진 일산화탄소가 빠른 속도로 몸 밖으로 나오기 때문에 일산화탄소에 중독된 환자를 치료할 수 있습니다.

높은 압력을 이용해 반응속도를 빠르게 하는 장치에는 '풀무'라는 도구가 있습니다. 풀무는 불을 피울 때 바람을 일으키는 도구로써 대장간에서 많이 사용됩니다. 여러 가지 풀무 중 손풀무는 손잡이를 밀고 당기는 방식으로 바람을 일으킵니다. 손풀무에서 나오는 높은 압력의 공기를 연료에 공급해 불길을 더욱 세게 할 수 있습니다.

이와 같이 기체는 농도와 압력을 높여 주면 반응속도를 빠르게 할 수 있습니다. 그렇다면 이제 고체의 반응속도를 살펴볼까요?

고체의 반응속도를 높이는 방법

각설탕은 직육면체 모양의 설탕 덩어리를 말해요. 그렇다면 우리가 많이 접하는 가루 설탕과 각설탕 중 무엇이 더 빨리 녹을까요? 간단한 실험으로 어떤 설탕이 더 빨리 녹는지 알 수 있습니다. 무게, 물에 넣는 시간, 물의 온도와 양 등 다른 모든 조건을 같게 하여 각각의 설탕을 물에 녹여 보세요. 차이점은 설탕의 모양이 다르다는 것뿐입니다. 어떤 설탕이 빨리 녹았나요? 바로 가루 설탕입니다. 이유는 가루 설탕이 각설탕에 비해 물과 접촉하는 면적이 넓기 때문입니다. 물과 닿는 겉넓이는 반응속도에 영향을 미칩니다.

쉬운 비유로 설명해 볼게요. 쓰레기를 두 가지 쓰레기통에 던진다고 생각해 보세요. 하나는 작고 좁은 쓰레기통, 다른 하나는 크고 넓은 쓰레기통입니다. 쓰레기통을 향해 쓰레기를 마구잡이로 던질 때 어느 쪽에 더 많

이 들어갈까요? 당연히 큰 쓰레기통입니다. 면적이 넓으면 쓰레기가 닿을 수 있는 기회가 많기 때문에 충돌 횟수가 많다고 할 수 있지요.

겉넓이와 반응속도의 관계를 활용한 예는 우리 생활에 많습니다. 물에 타서 마시는 차나 조미료는 모두 가루로 되어 있지요. 또한 알약보다는 가루약이 몸에 더 빨리 흡수됩니다. 만약 몸이 몹시 아파 약의 효과를 조금이라도 빨리 얻고 싶다면 알약보다는 가루약을 먹는 편이 좋아요. 불을 피울 때에도 겉넓이와 반응속도의 관계를 활용합니다. 모닥불을 피울 때 통나무를 쪼갠 장작개비를 쌓아 불을 붙이지요. 두꺼운 통나무보다는 잘게 쪼개진 장작개비에 불이 훨씬 빠르게 잘 붙어요.

온도를 높이면 반응속도가 빨라져요

반응속도를 빠르게 하기 위한 방법을 크게 두 가지로 나누어 알아보았습니다. 하나는 활성화 에너지를 낮추어 반응이 쉽게 일어나도록 하는 방법입니다. 바로 촉매를 이용하는 반응이지요. 또 다른 하나는 충돌하는 횟수를 늘리는 방법입니다. 기체일 때는 물질의 농도와 압력을 높이고 고체일 때는 겉넓이를 넓혀 반응을 빠르게 했습니다. 이 두 가지 외에 다른 방법도 있습니다. 활성화 에너지의 크기를 낮추지 않고 활성화 에너지를 넘어가는 분자의 개수를 늘려서 반응속도를 빠르게 하는 방법입니다. 그

렇다면 활성화 에너지를 넘어가는 분자의 개수를 늘리려면 어떻게 해야 할까요? 바로 온도를 조절하면 됩니다.

온도는 열의 양을 나타내는 숫자예요. 숫자가 클수록 열이 많다는 뜻입니다. 열은 에너지의 한 형태예요. 따라서 어떤 물질이 열이 있다는 것은 운동할 수 있는 능력도 있다는 뜻이에요. 반대로 열이 없다는 것은 운동할 수 있는 능력이 없다는 뜻이지요.

이런 경우를 가정해 보세요. 어떤 물질이 반응은 하고 싶지만 활성화 에너지가 너무 높아서 넘어갈 수 없거나 아주 적은 분자만 활성화 에너지를 넘어가 반응할 수 있는 상황입니다. 이때 어떻게 하면 더 많은 분자 수가 더 빨리 반응할 수 있을까요? 충돌 횟수를 늘려 주면 될까요? 활성화 에너지를 넘어갈 수 없을 경우에는 충돌 횟수를 늘리는 방법은 아무 소용이

■ 온도와 활성화 에너지의 관계

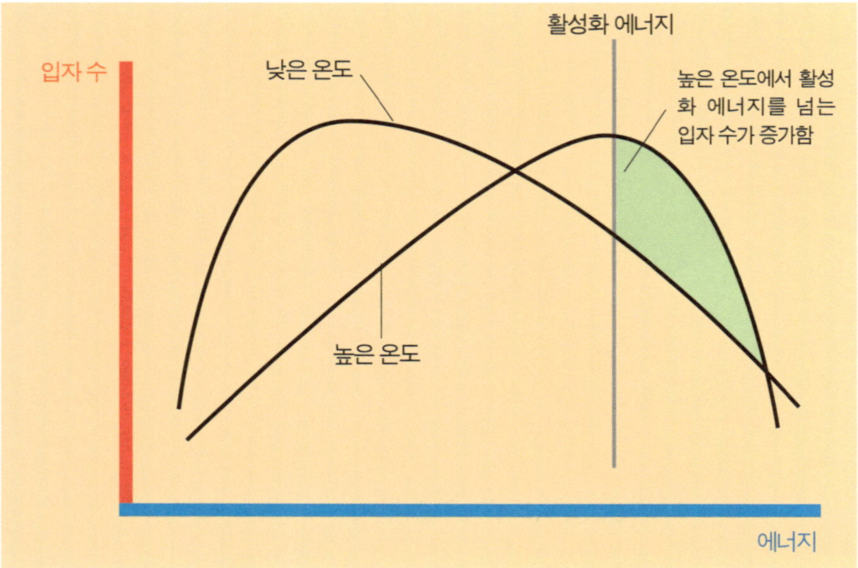

없습니다. 분자 하나하나가 가지고 있는 에너지가 활성화 에너지보다 작아서 넘어갈 수 없는데, 에너지가 작은 분자를 더 많이 부딪치게 한다고 해서 언덕을 넘어갈 수는 없습니다. 분자가 활성화 에너지보다 큰 에너지를 가진 경우에만 충돌 횟수를 늘려 반응속도를 빠르게 할 수 있습니다.

활성화 에너지가 높아서 분자들이 반응하지 않을 때에는 온도를 높여 주면 됩니다. 높은 언덕을 넘어갈 에너지가 없는 물질의 온도를 높여 주면 물질의 분자들은 열에너지를 얻게 됩니다. 그러면 분자의 에너지가 높아져서 활성화 에너지를 쉽게 넘어갈 수 있습니다.

냉장고에 음식을 보관하는 이유는 무엇일까요? 음식을 상하지 않게 하기 위해서입니다. 온도가 높아지면 반응할 수 있는 분자의 수가 늘어납니다. 온도를 차갑게 해 물질의 온도를 낮추면 분자들이 열을 적게 가지고, 운동할 수 있는 에너지 역시 작아집니다. 활성화 에너지의 언덕을 넘을 수 있는 힘이 약해졌기 때문입니다. 음식이 겨울보다 여름에 빨리 상하는 이유도 온도가 높아서입니다. 여름은 반응이 잘 일어나도록 에너지를 충분히 줄 수 있는 환경이 됩니다. 이렇듯 우리 생활 속에서 온도에 따라 반응속도가 변하는 현상은 아주 많이 볼 수 있습니다.

과일이 익는 것은 느린 화학 반응이라고 했어요. 그렇다면 과일을 빨리 익히고 싶을 때는 어떻게 하면 될까요? 온도를 높이면 됩니다. 비닐하우스는 온도를 높여 과일을 빨리 익게 해 겨울에도 여름 채소와 과일을 키울 수 있어요.

밥을 할 때에도 마찬가지입니다. 압력솥에서 지은 밥을 먹어 본 적이 있나요? 일반 밥솥이나 냄비에 밥을 했을 때보다 밥맛이 더 좋습니다. 그 이유는 온도 때문입니다. 물은 섭씨 100℃에서 끓습니다. 주전자에 물을 넣고 열을 계속 가해도 물의 온도는 섭씨 100℃ 이상 오르지 않아요. 그 이유는 주전자의 뚜껑이 압력을 이기지 못하고 들썩거리면서 수증기가 빠져나가 주전자 속의 압력이 일정하게 유지되기 때문입니다. 하지만 압력솥으로 밥을 하면 솥 안 압력을 높일 수 있습니다. 뚜껑과 몸통 사이에 있는 고무 장치가 수증기가 빠져나가지 않도록 막아 주기 때문이지요. 그 결과, 물이 섭씨 100℃보다 더 높은 온도에서 끓게 되고, 쌀 역시 섭씨 100℃보다 더 높은 온도에서 익습니다. 온도가 높아졌기 때문에 반응속도 역시 빨라집니다. 쌀이 빨리 익게 되어 압력솥에서 지은 밥맛은 더 좋아집니다.

TIP 요건 몰랐지?

자동차가 폭발한 이유

어느 여름날, 자동차가 갑자기 폭발했습니다. 갑작스러운 폭발로 경찰에서 조사했어요. 조사 결과, 자동차 안에 있던 라이터의 가스 때문이라는 사실이 밝혀졌습니다. 왜 이런 일이 일어났을까요?

어떤 물질이 불에 타기 위해서는 일정한 온도 이상으로 열을 받아야 합니다. 이러한 온도를 '발화점'이라고 해요. 보통 라이터는 섭씨 467℃가 되어야 불이 붙어요. 여름이기 때문에 자동차의 온도가 그만큼이나 올라갔을까요? 아닙니다. 여름이라고 해도 자동차의 온도는 섭씨 100℃ 이상 오르지 않아요. 그런데 발화점은 압력에 따라 달라집니다. 압력이 올라가면 발화점은 반대로 낮아져요. 여름에 강한 햇볕이 내리쪼이면 자동차 안의 온도가 올라가면서 압력도 갑자기 올라가고, 라이터의 발화점은 낮아지게 됩니다. 발화점이 낮아져 섭씨 467℃가 되지 않아도 라이터에 불이 붙을 수 있어요. 따라서 더운 여름에는 가스가 들어 있는 물건은 절대로 자동차 안에 놓지 않도록 주의해야 합니다.

Q&A 꼭 알고 넘어가자!

문제 1 우리 주변에서 일어나는 반응 중에서 반응속도가 느린 것은 무엇이 있나요?

문제 2 겉넓이가 넓어 반응속도가 빨리 일어나는 예를 들어 보세요.

3. 하나는 충돌 횟수를 늘리는 방법이에요. 물질의 농도와 압력을 높이거나 겉넓이를 넓혀 충돌 횟수를 늘려 반응을 빠르게 합니다. 또 다른 하나는 활성화 에너지를 낮추어 반응이 쉽게 일어나도록 하는 방법이에요. 촉매를 이용하면 활성화 에너지를 낮출 수 있습니다.

4. 음식을 상하지 않게 하기 위해서입니다. 온도가 높아지면 반응할 수 있는 분자의 수가 늘어나게 됩니다. 온도를 차갑게 하여 물질의 온도를 낮추면 분자들이 열을 적게 가지게 되고, 운동할 수 있는 에너지 역시 작아집니다. 활성화 에너지의 언덕을 넘을 수 있는 힘이 약해 음식이 천천히 상합니다.

문제 3 반응속도를 빠르게 하기 위한 방법을 두 가지만 말해 보세요.

문제 4 냉장고에 음식을 보관하는 이유는 무엇인가요?

정답

1. 철이 녹스는 것, 사과를 깎아 놓으면 갈색으로 변하는 것, 과일이 익는 것, 은행잎이 노랗게 변하는 것 등이 느린 반응에 속합니다. 느린 반응은 사람이 영향을 주지 않고 자연적으로 진행되는 경우가 대부분입니다. 음식물을 가만히 놔두면 상하는데, 이것 역시 느린 반응에 속해요.

2. 물에 타서 먹는 차나 조미료는 쉽고 빠르게 잘 녹이기 위해 가루로 만듭니다. 또 알약보다는 가루약이 몸에 더 빨리 흡수됩니다. 불을 피울 때 통나무보다 통나무를 쪼갠 장작개비가 더 잘 탑니다.